# 电力电子技术

主　编　马晓宇
副主编　吕耀文　田素娟　马越超
主　审　王永红　赵　耀

西安电子科技大学出版社

# 内 容 简 介

本书是根据高等职业教育的特点,结合生产企业岗位需求和高职学生的具体情况而编写的理论与实践(即"教"、"学"、"做")一体化教材。

本书应用项目教学法讲解电力电子技术的知识。全书设有五个项目,分别为晶闸管可控整流电路、变频电路、交流变换电路、直流斩波电路、电力电子技术的应用,其中包含电力电子技术的典型应用——AC/DC、AC/AC、DC/AC、DC/DC 的电能转换电路。每个项目基本上都是在介绍电力电子器件的基础上再对相应典型的电力电子电路进行分析。各项目内容相对独立,可以进行适当的选择和组合。

本书在编写时,采用的语言浅显易懂,知识点由浅入深、循序渐进。

本书可作为高职高专院校电气类专业、自动化类专业、机电类专业及其他相关专业的教材,也可作为成人教育和继续教育的教材,还可作为相关工程技术人员的实用参考书。

**图书在版编目(CIP)数据**

电力电子技术/马晓宇主编. —西安:西安电子科技大学出版社,2016.2(2022.4 重印)
ISBN 978 - 7 - 5606 - 3918 - 5

Ⅰ. ① 电… Ⅱ. ① 马… Ⅲ. ① 电力电子技术—高等职业教育—教材 Ⅳ. ① TM1

中国版本图书馆 CIP 数据核字(2016)第 016647 号

策　　划　秦志峰
责任编辑　秦志峰　师马玮
出版发行　西安电子科技大学出版社(西安市太白南路 2 号)
电　　话　(029)88202421　88201467　　邮　编　710071
网　　址　www.xduph.com　　　　电子邮箱　xdupfxb001@163.com
经　　销　新华书店
印刷单位　陕西精工印务有限公司
版　　次　2016 年 2 月第 1 版　2022 年 4 月第 4 次印刷
开　　本　787 毫米×1092 毫米　1/16　印张 12
字　　数　280 千字
印　　数　8001～10 000 册
定　　价　27.00 元
ISBN 978 - 7 - 5606 - 3918 - 5/TM
XDUP　4210001 - 4

# 前　言

　　"电力电子技术"是高职高专自动化类工科专业必修的一门重要的专业课。学习"电力电子技术"课需要掌握前续课程的基础理论(如高等数学、电工、电子电路、电机等知识)，它也为后续课程(如交直流调速系统运行与维护、电力输配电、工厂供配电等)提供坚实的理论与实操基础，对培养学生的知识目标、技能目标、素质目标以及提高学生分析问题、解决问题的能力有着至关重要的作用。

　　本书根据高等职业教育的人才培养目标，企业、社会和后续课程对电力电子技术的理论知识与实操技能的需求，以及高职生源素质的变化情况，精选教学内容。书中理论知识以"必需、够用"为原则，并更加注重知识的实用性以及学生技能的培养，力求简明实用，使学生易于理解和掌握。全书以实践应用为载体，强调"理论联系实际"，突出教材的实用性和职教特色。

　　在"电力电子技术"课程内涵不失经典的前提下，本书力求创新，便于学生学习与应用，内容经过整合，凸显出"电力电子技术"课程的特点。本书主要介绍了常用电力电子器件及其应用，包括晶闸管可控整流电路、变频电路、交流变换电路、直流斩波电路及电力电子技术的应用五个学习项目。每一个项目中融入了相应的应用分析，并附有一定量的习题以供复习与巩固。通过对本书的学习，学生能理解并掌握电力电子技术领域的相关基础知识，了解电力电子学科领域的应用与发展。

　　包头职业技术学院马晓宇(编写项目三和项目四)担任本书主编，并负责统稿工作；包头职业技术学院吕耀文(编写项目二)、田素娟(编写项目一)、马越超(编写项目五)担任副主编；其他相关专业教师在课程建设与教材编写中也积极参与；包头职业技术学院王永红和内蒙古电力勘测设计院赵耀担任主审，并且对本书提出了很多宝贵意见和建议。

　　由于编者水平有限，加上编写时间仓促，书中难免有不妥之处，恳请读者批评指正，以便修订时改进，使本书更臻完美，也更符合教学需要。

编　者

2015 年 11 月

# 目 录

# 项目一 晶闸管可控整流电路

## 学习目标

▲ 了解晶闸管的结构、工作原理及伏安特性。

▲ 掌握晶闸管的导通和关断条件。

▲ 熟练掌握晶闸管的主要参数、测试方法和选用方法。

▲ 了解晶闸管的派生器件的相关知识。

▲ 掌握常见相控整流电路的工作原理。

▲ 掌握变流器的有源逆变工作状态的原理。

▲ 熟悉晶闸管的保护措施及串、并联的使用方法。

▲ 掌握"同步"的概念及实现同步的方法。

## 技能目标

▲ 具备使用万用表来测试晶闸管的能力。

▲ 具备晶闸管可控整流电路的接线与调试能力。

▲ 学会进行波形分析,能用示波器进行调试。

▲ 能根据相控整流电路形式及元件参数,进行电路相关电量的计算及器件选型。

▲ 熟练掌握晶闸管的主要参数、测试方法和选用方法。

# 任务一 晶闸管的特性测试

## 学习目标

◆ 了解晶闸管的结构、工作原理及伏安特性。

◆ 掌握晶闸管的导通和关断条件。

◆ 熟练掌握晶闸管的主要参数、测试方法和选用方法。

◆ 了解晶闸管的派生器件的相关知识。

**技能目标**

◆ 具备使用万用表来测试晶闸管的能力。
◆ 会使用元器件的选型手册。

晶闸管是一种半导体器件，全名硅晶体闸流管，原名可控硅(Silicon Controlled Rectifier，简称 SCR)。晶闸管是一种既具有开关作用又具有整流作用的大功率半导体器件，由于它具有体积小、重量轻、效率高、动作迅速、维护简单、操作方便和寿命长等特点，因而在生产实际中获得了广泛的应用。

### 1.1.1 晶闸管的结构

晶闸管是一种大功率半导体变流器件，它是具有三个 PN 结的四层半导体结构器件，其外形、结构和电气图形符号如图 1-1-1 所示，由最外面的 $P_1$ 层和 $N_2$ 层引出两个电极，分别为阳极 A 和阴极 K，由中间 $P_2$ 层引出的电极为门极 G(也称控制极)。三个 PN 结分别称为 $J_1$、$J_2$、$J_3$。

常用的晶闸管有螺栓式和平板式两种外形，如图 1-1-1(a)所示。晶闸管在工作过程中会因损耗而发热，因此必须安装散热器。螺栓式晶闸管是靠阳极(螺栓)拧紧在铝制散热器上，自然冷却；平板式晶闸管由两个相互绝缘的散热器夹紧晶闸管，靠冷风冷却。额定电流大于 200 A 的晶闸管一般采用平板式外形结构。此外，晶闸管的冷却方式还有水冷、油冷等。

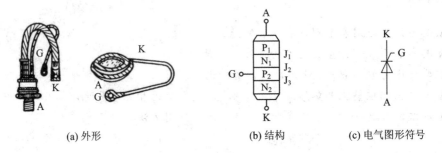

(a) 外形　　　　　　　　　　(b) 结构　　　　　　(c) 电气图形符号

图 1-1-1　晶闸管的外形、结构和电气图形符号

### 1.1.2 晶闸管的工作原理

我们通过图 1-1-2 所示的电路来说明晶闸管的工作原理。在该电路中，由电源 $E_a$、白炽灯、晶闸管的阳极 A 和阴极 K 组成晶闸管的主电路；由电源 $E_g$、开关 S、晶闸管的门极 G 和阴极 K 组成控制电路，也称为触发电路。

当晶闸管的阳极 A 接电源 $E_a$ 的正端，阴极 K 经白炽灯接电源的负端时，晶闸管承受正向电压。当控制电路中的开关 S 断开时，白炽灯不亮，说明晶闸管不导通。

当晶闸管承受正向电压，控制电路中开关 S 闭合，使控制极也加正向电压时，白炽灯亮，说明晶闸管导通。

当晶闸管导通时，将控制极上的电压去掉(即将开关 S 断开)，白炽灯依然亮，说明一

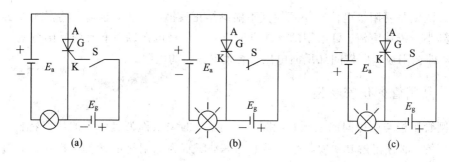

图 1-1-2 晶闸管导通实验电路图

且晶闸管导通，控制极就失去了控制作用。

当晶闸管的阳极和阴极间加反向电压时，不管控制极加不加电压，白炽灯都不亮，晶闸管截止。如果控制极加反向电压，无论晶闸管主电路加正向电压还是反向电压，晶闸管都不导通。

通过上述实验可知，晶闸管导通必须同时具备两个条件：

（1）晶闸管阳极和阴极之间加正向电压。

（2）晶闸管门极和阴极之间加合适的正向电压。

为了进一步说明晶闸管的工作原理，可把晶闸管看成是由一个 PNP 型和一个 NPN 型晶体管连接而成的，连接形式如图 1-1-3 所示。阳极 A 相当于 PNP 型晶体管 $V_1$ 的发射极，阴极 K 相当于 NPN 型晶体管 $V_2$ 的发射极。

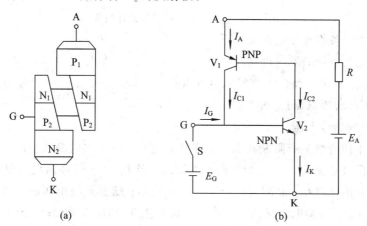

图 1-1-3 晶闸管工作原理等效电路

当晶闸管阳极承受正向电压，控制极也加正向电压时，晶体管 $V_2$ 处于正向偏置状态，$E_G$ 产生的控制极电流 $I_G$ 就是 $V_2$ 的基极电流 $I_{B2}$，$V_2$ 的集电极电流 $I_{C2} = \beta_2 I_G$。而 $I_{C2}$ 又是晶体管 $V_1$ 的基极电流，$V_1$ 的集电极电流 $I_{C1} = \beta_1 I_{C2} = \beta_1 \beta_2 I_G$（$\beta_1$ 和 $\beta_2$ 分别是 $V_1$ 和 $V_2$ 的电流放大系数）。电流 $I_{C1}$ 又流入 $V_2$ 的基极，再一次放大。这样循环下去，在晶闸管的内部形成强烈的正反馈，使两个晶体管很快达到饱和导通，这就是晶闸管的导通过程。导通后，晶闸管上的压降很小，电源电压几乎全部加在负载上，晶闸管中流过的电流即负载电流。

在晶闸管导通之后，它的导通状态完全依靠管子本身的正反馈作用来维持，即使控制极电流消失，晶闸管内部的正反馈仍然存在，使晶闸管处于导通状态。因此，控制极的作用仅是触发晶闸管使其导通，导通之后，控制极就失去了控制作用。要想关断晶闸管，最根本的方法就是将阳极电流减小到使其不能维持正反馈的程度，也就是将晶闸管的阳极电流减小到小于维持电流。可采用的具体方法有：将阳极电源断开；改变晶闸管的阳极电压的方向，即在阳极和阴极间加反向电压；增大主回路的电阻。

### 1.1.3　晶闸管的伏安特性

晶闸管阳极与阴极间的电压 $U_A$ 和阳极电流 $I_A$ 的关系称为晶闸管的伏安特性。要正确使用晶闸管，必须了解其伏安特性。图 1-1-4 所示为晶闸管的伏安特性曲线，包括正向特性(第一象限)和反向特性(第三象限)两部分。

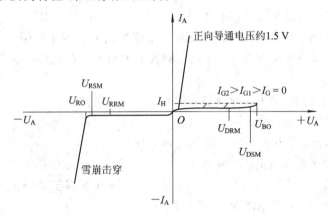

图 1-1-4　晶闸管的伏安特性曲线

图 1-1-4 中各物理量的含义如下：

$U_{DRM}$、$U_{RRM}$——正、反向重复峰值电压；

$U_{DSM}$、$U_{RSM}$——正、反向不重复峰值电压；

$U_{BO}$——正向转折电压；

$U_{RO}$——反向击穿电压。

晶闸管的正向特性又有阻断状态和导通状态之分。在正向阻断状态时，晶闸管的伏安特性是一组随门极电流 $I_G$ 的增加而不同的曲线簇。当 $I_G=0$ 时，逐渐增大阳极电压 $U_A$，只有很小的正向漏电流存在，晶闸管处于正向阻断状态；随着阳极电压的增加，当达到正向转折电压 $U_{BO}$ 时，正向漏电流突然急剧增大，晶闸管由正向阻断状态突变为正向导通状态。这种在 $I_G=0$ 时，依靠增大阳极电压而强迫晶闸管导通的方式称为"硬开通"。多次"硬开通"会使晶闸管损坏，因此通常不允许这样做。

增大门极电流，随着门极电流 $I_G$ 的增大，晶闸管的正向转折电压 $U_{BO}$ 迅速下降，当 $I_G$ 足够大时，晶闸管的正向转折电压很小，可以看成与一般二极管一样，只要加上正向阳极电压，管子就能导通。晶闸管正向导通的伏安特性与二极管的正向特性相似，即当流过较大的阳极电流时，晶闸管的压降很小。

晶闸管正向导通后，要使晶闸管恢复阻断，只有逐步减小阳极电流 $I_A$，使 $I_A$ 下降到小于维持电流 $I_H$(维持晶闸管导通的最小阳极电流)，则晶闸管又由正向导通状态变为正向阻断状态。

晶闸管的反向特性与一般二极管的反向特性相似。在正常情况下，当承受反向阳极电压时，晶闸管总是处于阻断状态，只有很小的反向漏电流流过。当反向电压增加到一定值时，反向漏电流增加较快，再继续增大反向阳极电压会导致晶闸管反向击穿，造成晶闸管永久性损坏，这时对应的电压为反向击穿电压 $U_{RO}$。

### 1.1.4 晶闸管的主要参数

为了正确使用晶闸管，必须掌握晶闸管的主要参数。

**1. 额定电压 $U_{Te}$**

由图 1-1-4 所示的晶闸管的阳极伏安特性曲线可见，当门极开路，元件处于额定结温时，正向阳极电压为正向阻断不重复峰值电压 $U_{DSM}$（此电压不可重复施加）的 80% 所对应的电压，称为正向阻断重复峰值电压 $U_{DRM}$（此电压可重复施加，其重复频率为 50 Hz，每次持续时间不大于 10 ms）。元件承受反向电压时，阳极电压为反向阻断不重复峰值电压 $U_{RSM}$ 的 80% 所对应的电压，称为反向阻断重复峰值电压 $U_{RRM}$。晶闸管铭牌所标注的额定电压通常取 $U_{DRM}$ 与 $U_{RRM}$ 中较小的那个值按百位取整。根据表 1.1 所示的标准电压等级，可标定器件的额定电压。例如，一个晶闸管实测 $U_{DRM} = 840$ V，$U_{RRM} = 720$ V，将二者较小的 720 V 取整得 700 V，该晶闸管的额定电压为 700 V，即 7 级。

**表 1.1 晶闸管额定电压的等级与额定电压**

| 级别 | 额定电压/V | 说　明 |
|---|---|---|
| 1、2、3、…、10 | 100、200、300、…、1000 | 额定电压 1000 V 以下，每增加 100 V，级别数加 1 |
| 12、14、16、…、30 | 1200、1400、1600、…、3000 | 额定电压 1000 V 以上，每增加 200 V，级别数加 2 |

实际使用晶闸管时，若外加电压峰值瞬时超过管子的反向击穿电压，会造成器件永久性损坏；若超过正向转折电压，器件就会误导通，经数次这种误导通后，也会造成器件损坏。此外，器件的耐压还会因散热条件恶化和结温升高而降低。因此，选择时应注意留有足够的安全裕量，一般应按工作电路中可能承受的最大瞬时电压 $U_{TM}$ 的 2～3 倍来选择晶闸管的额定电压，即 $U_{Te} = (2～3)U_{TM}$。

**2. 额定电流(通态平均电流) $I_{T(AV)}$**

在环境温度为 40℃，规定的冷却条件下，晶闸管在导通角不小于 170° 的单相工频正弦半波电路中，当结温稳定且不超过额定结温时所允许通过的最大通态平均电流，称为额定通态平均电流，用 $I_{T(AV)}$ 表示，通常所说晶闸管是多少安就是指这个电流。如果正弦半波电流的最大值为 $I_M$，则

$$I_{T(AV)} = \frac{1}{2\pi} \int_0^\pi I_M \sin\omega t \, d(\omega t) = \frac{I_M}{\pi} \tag{1-1}$$

额定电流的有效值为

$$I_T = \sqrt{\frac{1}{2\pi} \int_0^\pi I_M^2 (\sin\omega t)^2 \, d(\omega t)} = \frac{I_M}{2} \tag{1-2}$$

然而在实际使用中，流过晶闸管的电流波形形状、波形导通角并不是一定的，各种含

有直流分量的电流波形都有一个电流平均值(一个周期内波形面积的平均值),也就有一个电流有效值(方均根值)。现定义某电流波形的有效值与平均值之比为这个电流的波形系数,用$K_f$表示,即

$$K_f = \frac{\text{电流有效值}}{\text{电流平均值}} \qquad (1-3)$$

根据式(1-3)可求出正弦半波电流的波形系数

$$K_f = \frac{I_T}{I_{T(AV)}} = \frac{\pi}{2} = 1.57 \qquad (1-4)$$

这说明额定电流$I_{T(AV)} = 100$ A的晶闸管,其额定电流有效值为$I_T = K_f I_{T(AV)} = 157$ A。

不同的电流波形有不同的平均值与有效值,波形系数$K_f$也不同。在选用晶闸管的时候,首先要根据管子的额定电流(通态平均电流)求出元件允许流过的最大有效电流,不论流过晶闸管的电流波形如何,只要流过元件的实际电流的最大有效值小于或等于管子的额定有效值,且在规定的散热冷却条件下,管芯的发热就能限制在允许的范围内。

由于晶闸管的电流过载能力比一般电机、电器要小得多,因此在选用晶闸管额定电流时,计算的实际最大电流至少要乘以1.5～2的安全系数,使其有一定的电流裕量。

**3. 通态平均电压$U_{T(AV)}$**

当晶闸管中流过额定电流并达到稳定的额定结温时,阳极与阴极之间的电压降的平均值,称为通态平均电压(又称为管压降)。当额定电流大小相同而通态平均电压较小时,晶闸管耗散功率也较小,则该管子的质量较好。

通态平均电压$U_{T(AV)}$分为A～I共9个组别,对应为0.4～1.2 V,具体见表1.2。

**表1.2 晶闸管通态平均电压分组**

| 组别 | A | B | C | D |
|---|---|---|---|---|
| 通态平均电压/V | $U_{T(AV)} \leqslant 0.4$ | $0.4 < U_{T(AV)} \leqslant 0.5$ | $0.5 < U_{T(AV)} \leqslant 0.6$ | $0.6 < U_{T(AV)} \leqslant 0.7$ |
| 组别 | E | F | G | H |
| 通态平均电压/V | $0.7 < U_{T(AV)} \leqslant 0.8$ | $0.8 < U_{T(AV)} \leqslant 0.9$ | $0.9 < U_{T(AV)} \leqslant 1.0$ | $1.0 < U_{T(AV)} \leqslant 1.1$ |
| 组别 | I | | | |
| 通态平均电压/V | $1.1 < U_{T(AV)} \leqslant 1.2$ | | | |

**4. 维持电流$I_H$和掣住电流$I_L$**

在室温且控制极开路时,维持晶闸管继续导通的最小阳极电流称为维持电流$I_H$。维持电流大的晶闸管容易关断。维持电流与元件容量、结温等因素有关,同一型号的元件其维持电流也不相同。通常在晶闸管的铭牌上标明了常温下$I_H$的实测值。

给晶闸管门极加上触发电压,当元件刚从阻断状态转为导通状态时就撤除触发电压,此时元件维持导通所需要的最小阳极电流称为掣住电流$I_L$。对同一晶闸管来说,掣住电流$I_L$约为维持电流$I_H$的2～4倍。

**5. 晶闸管的开通与关断时间**

晶闸管作为无触点开关,在导通与阻断两种工作状态之间的转换并不是瞬时完成的,转换需要一定的时间。当元件的导通与关断频率较高时,就必须考虑这种时间的影响。

1）开通时间 $t_{\text{gt}}$

一般规定：从门极触发电压前沿的 10％ 到元件阳极电压下降至 10％ 所需的时间称为开通时间 $t_{\text{gt}}$。普通晶闸管的 $t_{\text{gt}}$ 约为 6 $\mu$s，开通时间与触发脉冲的陡度大小、结温以及主回路中的电感量等有关。为了缩短开通时间，常采用实际触发电流比规定触发电流大 3～5 倍、前沿陡的窄脉冲来触发，称为强触发。另外，如果触发脉冲不够宽，晶闸管就不可能触发导通。一般来说，要求触发脉冲的宽度稍大于 $t_{\text{gt}}$，以保证晶闸管可靠触发。

2）关断时间 $t_{\text{q}}$

晶闸管导通时，内部存在大量的载流子。晶闸管的关断过程是：当阳极电流刚好下降到零时，晶闸管内部各 PN 结附近仍然有大量的载流子未消失，此时若马上重新加上正向电压，晶闸管会不经触发而立即导通，只有再经过一定的时间，待元件内的载流子通过复合而基本消失之后，晶闸管才能完全恢复正向阻断能力。我们把晶闸管从正向阳极电流下降为零到它恢复正向阻断能力所需要的这段时间称为关断时间 $t_{\text{q}}$。

晶闸管的关断时间与元件结温、关断前阳极电流的大小以及所加反向电压的大小有关。普通晶闸管的 $t_{\text{q}}$ 约为几十到几百微秒。

**6. 通态电流临界上升率 d$i$/d$t$**

门极流入触发电流后，晶闸管开始只在靠近门极附近的小区域内导通，随着时间的推移，导通区域才逐渐扩大到 PN 结的全部面积。如果阳极电流上升得太快，就会导致门极附近的 PN 结因电流密度过大而烧毁，使晶闸管损坏。因此，对晶闸管必须规定允许的最大通态电流上升率，称为通态电流临界上升率 d$i$/d$t$。

**7. 断态电压临界上升率 d$u$/d$t$**

晶闸管的结面积在阻断状态下相当于一个电容，若突然加一正向阳极电压，便会有一个充电电流流过结面，该充电电流流经靠近阴极的 PN 结时，产生相当于触发电流的作用，如果这个电流过大，将会使元件误触发导通，因此对晶闸管还必须规定允许的最大断态电压上升率。我们把在规定条件下，晶闸管直接从断态转换到通态的最大阳极电压上升率称为断态电压临界上升率 d$u$/d$t$。

**8. 晶闸管的型号**

按国家 JB 1144－75 规定，普通硅晶闸管型号中各部分的含义如图 1－1－5 所示。

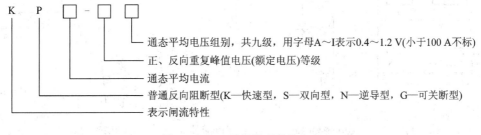

图 1－1－5　晶闸管型号的含义

## 1.1.5　晶闸管的简单测试方法

对于晶闸管的三个电极，可以用万用表粗测其好坏。依据 PN 结单向导电原理，用万用表欧姆挡测试元件的三个电极之间的阻值，可初步判断管子是否完好。如用万用表 R×1k 挡测量阳极 A 和阴极 K 之间的正、反向电阻都很大，在几百千欧以上，且正、反向电阻相差很小，用 R×10 或 R×100 挡测量控制极 G 和阴极 K 之间的阻值，其正向电阻应小于或接近反向电阻，这样的晶闸管是好的。如果阳极与阴极或阳极与控制极间为短路，或者阴极与控制极间为短路或断路，则晶闸管是坏的。

## 1.1.6 晶闸管的派生器件

在晶闸管的家族中，除了最常用的普通型晶闸管之外，根据不同的实际需要，衍生出了一系列派生器件，主要有快速晶闸管（FST）、双向晶闸管（TRIAC）、逆导晶闸管（RCT）和光控晶闸管（LTT）等，下面分别对它们作简要介绍。

**1. 快速晶闸管**

允许开关频率在 400 Hz 以上工作的晶闸管称为快速晶闸管（Fast Switching Thyristor，简称 FST），开关频率在 10 kHz 以上的称为高频晶闸管。它们的外形、电气图形符号、基本结构、伏安特性都与普通晶闸管相同。

根据不同的使用要求，快速晶闸管有以开通快为主的和以关断快为主的，也有两者兼顾的，它们的使用与普通晶闸管基本相同，但必须注意如下问题：

（1）快速晶闸管为了提高开关速度，其硅片厚度做得比普通晶闸管薄，因此能承受的正、反向断态重复峰值电压较低，一般在 2000 V 以下。

（2）快速晶闸管 $du/dt$ 的耐量较差，使用时必须注意产品铭牌上规定的额定开关频率下的 $du/dt$。当开关频率升高时，$du/dt$ 耐量会下降。

**2. 双向晶闸管**

双向晶闸管（TRIode AC switch，简称 TRIAC）在结构和特性上可以看作是一对反向并联的普通晶闸管，它的内部结构、等效电路、电气图形符号和伏安特性曲线分别如图 1-1-6(a)、(b)、(c)和(d)所示。

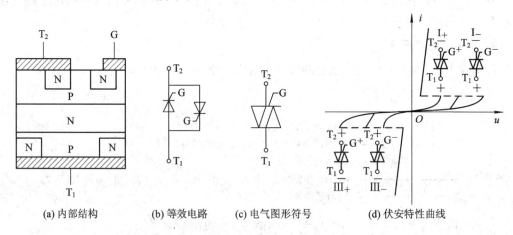

(a) 内部结构　　　(b) 等效电路　　　(c) 电气图形符号　　　(d) 伏安特性曲线

图 1-1-6　双向晶闸管

双向晶闸管有两个主电极 $T_1$、$T_2$ 和一个门极 G，并在第 I 和第 III 象限有对称的伏安特性。$T_1$ 相对于 $T_2$ 既可以是正电压，也可以是负电压，这就使得门极 G 相对于 $T_1$ 端无论是正电压还是负电压，都能触发双向晶闸管。图 1-1-6 (d)中表明了四种门极触发方式，即 $I_+$、$I_-$、$III_+$、$III_-$，同时也注明了各种触发方式下主电极 $T_1$ 和 $T_2$ 的相对电压极性以及门极 G 相对于 $T_1$ 的触发电压极性。必须注意的是，触发途径不同，其触发灵敏度不同，一般来说，触发灵敏度排序为 $I_+ > III_- > I_- > III_+$。通常使用 $I_+$ 和 $III_-$ 两种触发方式。

双向晶闸管具有被触发后能双向导通的性质，因此在交流开关、交流调压(如电灯调光及加热器控制)方面获得了广泛的应用。

双向晶闸管在使用时必须注意如下问题：

(1) 不能反复承受较大的电压变化率，因而很难用于感性负载。

(2) 门极触发灵敏度较低。

(3) 关断时间较长，因而只能在低频场合应用。这是因为双向晶闸管在交流电路中使用时，$T_1$、$T_2$ 间承受正、反两个半波的电流和电压，当在一个方向导通结束时，管内载流子还来不及回复到截止状态的位置，若迅速承受反方向的电压，这些载流子产生的电流有可能作为器件反向工作的触发电流而误触发，使双向晶闸管失去控制能力而造成换流失败。

(4) 与普通晶闸管不同，双向晶闸管的额定电流是用正弦电流有效值而不是平均值标定的。例如，一个额定电流为 200 A 的双向晶闸管，其峰值电流为 $200\sqrt{2}=283$ A，峰值为 283 A 的正弦半波电流的平均值为 $283/\pi=90$ A。也就是说，一个额定电流为 200 A 的双向晶闸管相当于两个额定电流为 90 A 的普通晶闸管反并联的结果。

### 3. 逆导晶闸管

逆导晶闸管(Reverse Conducting Thyristor，简称 RCT)。在逆变或直流电路中经常需要将晶闸管和二极管反向并联使用，逆导晶闸管就是根据这一要求将晶闸管和二极管集成在同一硅片上制造而成的，它的内部结构、等效电路、电气图形符号和伏安特性曲线分别如 1-1-7 (a)、(b)、(c)和(d)所示。和普通晶闸管一样，逆导晶闸管也有三个电极，它们分别是阳极 A、阴极 K 和门极 G。

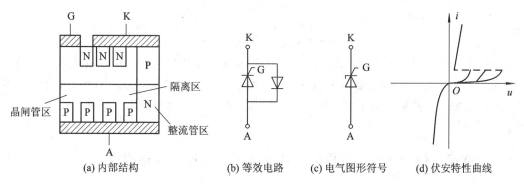

(a) 内部结构　　　(b) 等效电路　(c) 电气图形符号　(d) 伏安特性曲线

图 1-1-7　逆导晶闸管

逆导晶闸管的基本类型有快速型(200~350 Hz)、频率型(500~1000 Hz)和高压型(400 A/7000 V)，主要应用于直流变换(调速)、中频感应加热及某些逆变电路中。它把两个元件合为一体，缩小了组合元件的体积，更重要的是它使器件的性能得到了很大的改善，但也带来了一些新的问题，在使用时必须注意。

(1) 与普通晶闸管相比，逆导晶闸管具有正向压降小、关断时间短、高温特性好、额定结温高等优点。

（2）根据逆导晶闸管的伏安特性可知，它的反向击穿电压很低，因此只适用于反向不需承受电压的场合。

（3）逆导晶闸管存在晶闸管区和整流管区之间的隔离区。如果没有隔离区，在反向恢复期间整流管区的载流子就会到达晶闸管区，并在晶闸管承受正向阳极电压时，误触发晶闸管，造成换流失败。虽然设置了隔离区，但整流管区的载流子在换向时仍有可能通过隔离区作用到晶闸管区，使换流失败。因此逆导晶闸管的换流能力（器件反向导通后恢复正向阻断特性的能力）是一个重要参数，使用时必须注意。

（4）逆导晶闸管的额定电流分别以晶闸管电流和整流管的额定电流表示（例如 300 A/300 A、300 A/150 A 等）。一般，晶闸管额定电流列于分子位置，整流管额定电流列于分母位置。

### 4. 光控晶闸管

光控晶闸管（Light Triggered Thyristor，简称 LTT）是一种光控器件，它与普通晶闸管的不同之处在于其门极区集成了一个光电二极管。在光的照射下，光电二极管漏电流增加，此电流成为晶闸管的门极触发电流使晶闸管开通。

图 1-1-8 (a)、(b)分别为光控晶闸管的电气图形符号和伏安特性曲线。

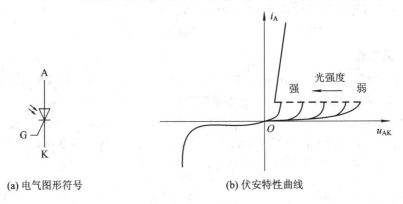

(a) 电气图形符号  (b) 伏安特性曲线

图 1-1-8  光控晶闸管电气图形符号和伏安特性曲线

小功率光控晶闸管只有阴、阳两个电极，大功率光控晶闸管的门极带有光缆，光缆上有发光二极管或半导体激光器作为触发光源。由于主电路与触发电路之间有光电隔离，因此绝缘性能好，可避免电磁干扰。目前光控晶闸管在高压直流输电和高压核聚变装置中得到了广泛应用。

## 1.1.7  晶闸管的过电压、过电流保护与电压、电流上升率的限制

### 1. 晶闸管的过电压保护

晶闸管的过载能力差，不论承受的是正向电压还是反向电压，很短时间的过电压就可能导致其损坏。凡是超过晶闸管正常工作时承受的最大峰值电压的电压都算过电压，虽然选择晶闸管时留有安全裕量，但仍需针对晶闸管的工作条件采取适当的保护措施，确保整流装置正常运行。

**1）晶闸管的关断过电压及其保护**

晶闸管电流从一个管子换流到另一个管子后，刚刚导通的晶闸管因承受正向阳极电压，电流逐渐增大。原来导通的晶闸管要关断，流过的电流相应减小，当减小到零时，因其内部还残存着载流子，管子还未恢复阻断能力，故在反向电压的作用下，将产生较大的反向电流，使载流子迅速消失，即反向电流迅速减小到接近零时，原导通的晶闸管关断，这时 $di/dt$ 很大，即使电感很小，在变压器漏电抗上也会产生很大的感应电动势，其值可达到工作电压峰值的 5～6 倍，通过已导通的晶闸管加在已恢复阻断的管子的两端，可能会使管子反向击穿，这种由于晶闸管换相关断时所产生的过电压叫关断过电压。如图 1-1-9 所示为晶闸管关断过电压的波形图。

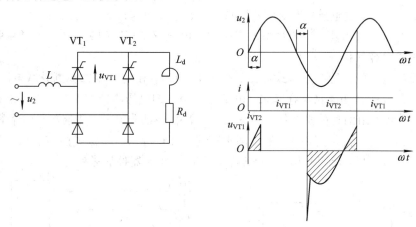

图 1-1-9　晶闸管关断过电压波形

关断过电压保护最常用的方法是，在晶闸管两端并接 $RC$ 吸收电路，如图 1-1-10 所示。利用电容的充电作用，可降低晶闸管反向电流减小的速度，使过电压值下降。电阻可以减弱或消除晶闸管阻断时产生的过电压；$R$、$L$、$C$ 与交流电源刚好组成的串联振荡电路可限制晶闸管开通时的电流上升率。晶闸管承受正向电压时，电容 $C$ 被充电，极性如图 1-1-10 所示。当管子被触发导通时，电容 $C$ 要通过晶闸管放电，如果没有 $R$ 限流，此放电电流会很大，容易造成元件损坏。$RC$ 吸收电路参数，可按表 1.3 的经验数据选取，电容的耐压值一般选晶闸管额定电压的 1.1～1.5 倍。

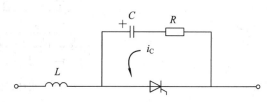

图 1-1-10　用阻容吸收电路抑制关断过电压

**表 1.3　晶闸管阻容吸收电路的经验数据**

| 晶闸管额定电流/A | 1000 | 500 | 200 | 100 | 50 | 20 | 10 |
|---|---|---|---|---|---|---|---|
| 电容 $C/\mu$F | 2 | 1 | 0.5 | 0.25 | 0.2 | 0.15 | 0.1 |
| 电阻 $R/\Omega$ | 2 | 5 | 10 | 20 | 40 | 80 | 100 |

2）晶闸管交流侧过电压及其保护

交流侧过电压分交流侧操作过电压和交流侧浪涌过电压。

（1）交流侧操作过电压。

接通和断开交流侧电源时，使电感元件积聚的能量骤然释放所引起的过电压叫操作过电压。操作过电压通常发生在下面几种情况：

① 整流变压器一次、二次绕组之间存在分布电容，当在一次侧电压峰值时合闸，将会使二次侧产生瞬间过电压。可在变压器二次侧并联适当的电容或在变压器星形和地之间加一电容器，也可采用变压器加屏蔽层进行保护，这在设计、制造变压器时就应考虑。

② 与整流装置相连接的其他负载切断时，由于电流突然断开，会在变压器漏电感中产生感应电动势，造成过电压；当变压器空载，电源电压过零时，一次拉闸造成二次绕组中感应出很高的瞬时过电压。这两种情况产生的过电压都是瞬时的尖峰电压，常用阻容吸收电路或整流式阻容保护。

阻容吸收电路的几种接线方式如图 1-1-11 所示。在变压器二次侧并联电阻和电容，可以把铁芯释放的磁场能量储存起来。由于电容两端的电压不能突变，所以可以有效地抑制过电压。串联电阻的目的是在能量转化过程中消耗一部分能量，并且抑制回路的振荡。

对于大容量的变流装置，可采取如图 1-1-11(d)所示的整流式阻容吸收电路，虽然多了一个三相整流桥，但因只用一个电容，故可以减小元器件的体积。

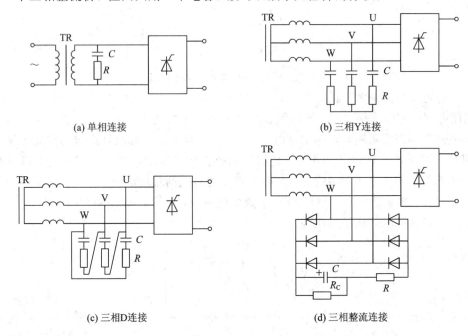

(a) 单相连接　　　　　　　　　　　　(b) 三相Y连接

(c) 三相D连接　　　　　　　　　　　(d) 三相整流连接

图 1-1-11　交流侧阻容吸收电路的几种接线方式

（2）交流侧浪涌过电压。

由于雷击或从电网侵入的高电压干扰而造成的晶闸管过电压，称为浪涌过电压。浪涌过电压虽然具有偶然性，但它可能比操作过电压高得多，能量也特别大，因此无法用阻容吸收电路来抑制，只能采用类似稳压管稳压原理的压敏电阻或硒堆元件来保护。

硒堆由成组串联的硒整流片构成，其接线方式如图 1-1-12 所示。在正常工作电压时，硒堆总有一组处于反向工作状态，漏电流很小，当浪涌电压来到时，硒堆被反向击穿，漏电流猛增以吸收浪涌能量，从而限制了过电压的数值。硒片被击穿时，表面会烧出灼点，但浪涌电压过去之后，整个硒片会自动恢复，所以可反复使用，继续起保护作用。

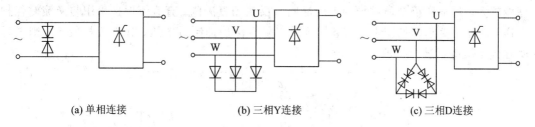

(a) 单相连接　　　　(b) 三相Y连接　　　　(c) 三相D连接

图 1-1-12　硒堆保护的接线方式

　　采用硒堆保护的优点是能吸收较大的浪涌能量；缺点是硒堆体积大，反向伏安特性曲线不陡，长期放置不用会发生"储存老化"，即正向电阻增大，反向电阻降低，因而失效。由此可见，硒堆不是理想的保护元件。

　　近年来发展了一种新型的非线性过电压保护元件，即金属氧化物压敏电阻。金属氧化物压敏电阻是由氧化锌、氧化铋等烧结制成的非线性电阻元件，具有正反向相同的、很陡的伏安特性曲线，如图 1-1-13 所示。正常工作时，漏电流仅是微安级，故损耗小；当浪涌电压到来时，反应快，可通过数千安的放电电流，因此抑制过电压的能力强。它体积小，价格便宜，是一种较理想的保护元件，可以用它取代硒堆。压敏电阻的接线方式如图 1-1-14 所示。

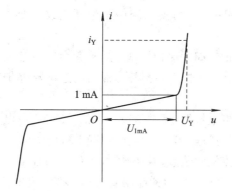

图 1-1-13　压敏电阻的伏安特性

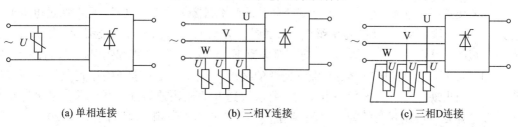

(a) 单相连接　　　　(b) 三相Y连接　　　　(c) 三相D连接

图 1-1-14　压敏电阻的几种接线方式

**3）晶闸管直流侧过电压及其保护**

　　直流侧也可能发生过电压。当整流器上的快速熔断器突然熔断或晶闸管烧断时，因大电感释放能量而产生过电压，并通过负载加在关断的晶闸管上，有可能使管子硬导通而损坏，如图 1-1-15 所示。在直流侧快速开关（或熔断器）断开过载电流时，变压器中的储能释放，也产生过电压。虽然交流侧保护装置能适当地抑制这种过电压，但因变压器过载时储能较大，过电压仍会通过导通着的晶闸管反映到直流侧。直流侧保护采用与交流侧保护同样的方法：对于容量较小的装置，可采用阻容保护抑制过电压；如果容量较大，则选择硒堆或压敏电阻进行保护。

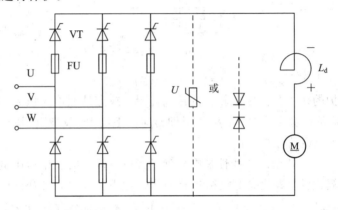

图 1-1-15　快速熔断器熔断的过电压保护电路

**2. 晶闸管的过电流保护**

当流过晶闸管的电流大大超过其正常工作电流时，称为过电流。产生过电流的原因有：直流侧短路，生产机械过载，可逆系统中产生环流或逆变失败，电路中管子误导通及管子击穿短路等。

电路中有过电流产生时，如无保护措施，晶闸管会因过热而损坏，因此要采取过电流保护，把过电流消除掉，使晶闸管不会损坏。常用的过电流保护有下面几种方式，可根据需要选择其中的一种或几种。

（1）在交流进线中串接电抗器（无整流变压器时）或采用漏电抗较大的变压器是限制短路电流、保护晶闸管的有效措施，但该方式在负载上有电压降。

（2）在交流侧设置电流检测装置，利用过电流信号去控制触发器，使触发脉冲快速后移（即控制角增大）或瞬时停止，从而使晶闸管关断，抑制过电流。在可逆系统中，停发脉冲会造成逆变失败，因此多采用脉冲快速后移的方法。

（3）交流侧经电流互感器接入过流继电器或直流侧接入过流继电器，可以在过电流时动作，自动断开输入端。一般过电流继电器开关的动作时间约为 0.2 s，对电流大、上升快、作用时间短的短路电流无保护作用，只有短路电流不大的情况下，才能起到保护晶闸管的作用。

（4）对于大、中容量的设备及经常逆变的情况，可用直流快速开关作直流侧过载或短路保护，当出现严重过载或短路电流时，要求快速开关比快速熔断器先动作，尽量避免快速熔断器熔断。快速开关的动作时间只有 2 ms，完全分断电弧的时间也只有 20～30 ms，是目前较好的直流侧过流保护装置。

（5）快速熔断器简称快熔，是最简单有效的过电流保护元件。在产生短路过电流时，快速熔断器的熔断时间小于 20 ms，能保证在晶闸管损坏之前切断短路故障。用快速熔断器作过电流保护有三种接法，现以三相桥为例进行介绍。

① 桥臂晶闸管串接快熔，如图 1－1－16(a)所示，流过快速熔断器和晶闸管的电流相同，对晶闸管保护最好，是应用最广的一种接法。

② 接在交流侧输入端，如图 1－1－16(b)所示，这种接法对元件短路和直流侧短路均能起到保护作用，但由于在正常工作时流过快熔的电流有效值大于流过晶闸管的电流有效值，故应选用额定电流较大的快熔，但这样有故障过电流时对晶闸管的保护就会变差。

③ 接在直流侧的快熔，如图 1－1－16(c)所示，仅对负载短路和过载起保护作用。

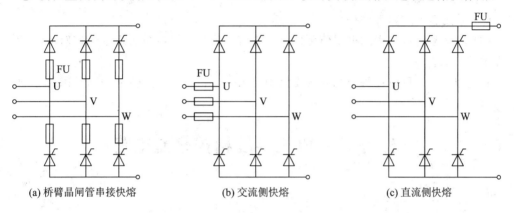

(a) 桥臂晶闸管串接快熔　　　　　(b) 交流侧快熔　　　　　(c) 直流侧快熔

图 1－1－16　快速熔断器保护的接法

在一般的系统中，常采用过流信号控制触发脉冲以抑制过电流，再配合采用快熔保护。由于快熔价格较高，更换也不方便，因此通常把它作为过电流保护的最后一道防护。正常情况下，总是先让其它过电流保护措施动作，尽量避免直接烧断快熔。

**3. 电压、电流上升率的限制**

1) 电压上升率的限制

晶闸管在阻断状态下，它的 $J_3$ 结面存在着一个电容。当加在晶闸管上的正向电压上升率较大时，便会有较大的充电电流流过 $J_3$ 结面，起到触发电流的作用，使晶闸管误导通。晶闸管误导通常会引起很大的电流，使快速熔断器熔断或使晶闸管损坏。因此，对晶闸管的正向电压上升率 $du/dt$ 应有一定的限制。

晶闸管侧的 $RC$ 保护电路可以起到抑制电压上升率 $du/dt$ 的作用。在每个桥臂串入桥臂电抗器，通常取 $20\sim30~\mu H$，也是防止电压上升率过大造成晶闸管误导通的常用办法，如图 1－1－17 所示。此外，对于小容量晶闸管，在其门极 G 和阴极 K 之间接一电容，使产生的充电电流不流过晶闸管的 $J_3$ 结面，而通过电容流到阴极，也能防止因电压上升率 $du/dt$ 过大而使晶闸管误导通。

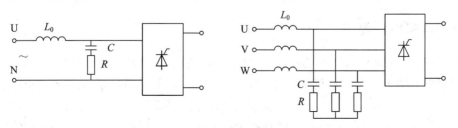

图 1－1－17　电压上升率的限制

2）电流上升率的限制

晶闸管在导通瞬间，电流集中在门极附近，随着时间的推移，导通区才逐渐扩大，直到全部结面导通为止。在此过程中，电流上升率 $di/dt$ 太大可能引起门极附近过热，造成晶闸管损坏。因此，电流上升率应限制在通态电流临界上升率以内。

限制电流上升率同限制电压上升率的方法相同，即

（1）串接进线电感。

（2）采用整流式阻容保护。

（3）增大阻容保护中的电阻值可以减小电流上升率，但会减弱阻容保护对晶闸管过电压保护的效果。

除此以外，还可以在每个晶闸管支路中串入一个很小的电感器来抑制晶闸管导通时的正向电流上升率。

# 任务二　单相半波相控整流电路

## 学习目标

◆ 掌握单相半波整流电路的工作原理及其波形分析的方法。

◆ 掌握单结晶体管同步触发电路的分析方法。

## 技能目标

◆ 具备单相半波整流电路的接线与调试能力。

◆ 能根据整流电路的形式及元件参数，进行输出电压、电流等的计算和器件选型。

相控整流电路是广泛应用的电能变换电路，它的作用是将交流电变换成大小可以调节的直流电，给要求电压可调的直流电用电设备供电。相控整流电路的结构形式依据负载容量大小的不同而定，通常小容量（4 kW 以下）的负载供电采用单相相控整流电路，它具有电路简单、投资少、维护方便等优点。对于容量较大的负载，采用三相相控整流电路易于满足负载对高电压、大电流的需求，同时也保证负载上的直流电压脉动小，供电的交流电网三相平衡。

单相相控整流电路可分为单相半波相控整流电路和单相桥式整流电路，它们所连接的负载性质不同就会有不同的特点。下面分析各种单相相控整流电路在带电阻性负载、电感性负载和反电动势负载时的工作情况。

### 1.2.1　电阻性负载

白炽灯、电炉及电镀设备等属于电阻性负载，单相半波相控整流电路带电阻性负载的电路原理图如图 1-2-1(a)所示。图中 Tr 称为整流变压器，其二次侧的输出电压为

$$u_2 = \sqrt{2}U_2 \sin\omega t \tag{1-5}$$

在电源电压正半周：晶闸管 VT 承受正向电压，$0\sim\alpha$ 期间，由于没给晶闸管施加触发脉冲 $U_g$，VT 仍处于正向阻断状态，负载 $R_d$ 中无电流流过，负载两端电压为 0，整个电源

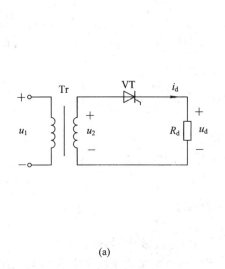

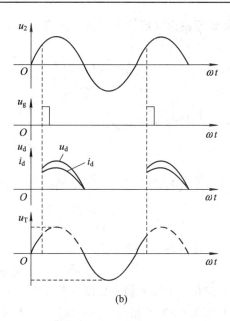

图 1-2-1 单相半波相控整流电路带电阻性负载的电路原理图及波形图

电压 $U_2$ 全部加在晶闸管的两端,即 $u_d = u_2$;$\alpha$ 时刻,晶闸管 VT 的触发脉冲到来,晶闸管导通,忽略晶闸管的管压降,整个电源电压 $U_2$ 全部加在负载 $R_d$ 两端。

$\pi$ 时刻,电源电压过零点,晶闸管 VT 承受零压而关断。

在电源电压负半周,晶闸管承受反压,一直处于反向阻断状态,负载 $R_d$ 中无电流流过,负载两端电压为 0,整个电源电压 $U_2$ 全部加在晶闸管的两端。

在上述过程中,由于电阻性负载,电流和电压同相位,电流波形与电压波形形状相同,大小为 $i_d = u_d/R_d$。直到下一个周期的触发脉冲 $U_g$ 到来后,VT 又被触发导通,电路工作情况又重复上述工作过程。各个电量波形图如图 1-2-1(b) 所示。

在单相相控整流电路中,定义晶闸管从承受正向电压起到触发导通之间的电角度称为控制角(或移相角),用 $\alpha$ 表示。晶闸管在一个周期内导通的电度角称为导通角,用 $\theta$ 表示。对于图 1-2-1(a) 所示的电路,若控制角为 $\alpha$,则晶闸管的导通角为

$$\theta = \pi - \alpha \tag{1-6}$$

根据波形图 1-2-1(b),可求出整流输出电压平均值

$$U_d = \frac{1}{2\pi} \int_\alpha^\pi \sqrt{2} U_2 \sin\omega t \, \mathrm{d}(\omega t) = \frac{\sqrt{2} U_2}{2\pi}(1 + \cos\alpha) = 0.45 U_2 \frac{1 + \cos\alpha}{2} \tag{1-7}$$

式(1-7)表明,只要改变控制角 $\alpha$(即改变触发时刻),就可以改变整流输出电压的平均值,达到调节整流输出电压的目的。这种通过控制触发脉冲的相位来控制直流输出电压大小的方式称为相位控制方式,简称相控方式。

当 $\alpha = 0$ 时,$U_d = 0.45 U_2$,为最大值;当 $\alpha = \pi$ 时,$U_d = 0$,为最小值。定义整流输出电压的 $u_d$ 的平均值 $U_d$ 从最大值变化到零时,控制角 $\alpha$ 的变化范围称为移相范围。显然,单相半波相控整流电路带电阻性负载时 $\alpha$ 的移相范围为 $0 \sim \pi$。

根据有效值的定义,整流输出电压的有效值为

$$U = \sqrt{\frac{1}{2\pi} \int_\alpha^\pi \left(\sqrt{2} U_2 \sin\omega t\right)^2 \mathrm{d}(\omega t)} = U_2 \sqrt{\frac{1}{4\pi} \sin 2\alpha + \frac{\pi - \alpha}{2\pi}} \tag{1-8}$$

那么，整流输出电流的平均值 $I_d$ 和有效值 $I$ 分别为

$$I_d = \frac{U_d}{R_d} \quad (1-9)$$

$$I = \frac{U}{R_d} \quad (1-10)$$

电流的波形系数 $K_f$ 为

$$K_f = \frac{I}{I_{T(AV)}} = \frac{\sqrt{\pi\sin2\alpha + 2\pi(\pi-\alpha)}}{\sqrt{2}(1+\cos\alpha)} \quad (1-11)$$

式(1-11)表明，控制角 $\alpha$ 越大，波形系数 $K_f$ 越大。

如果忽略晶闸管 VT 的损耗，则变压器二次侧输出的有功功率为

$$P = I^2R_d = UI \quad (1-12)$$

电源输入的视在功率为

$$S = U_2I \quad (1-13)$$

对于整流电路来说，交流电源输入电流中除基波电流以外还含有谐波电流，基波电流与基波电压(即电源输入正弦电压)一般不同相，因此交流电源的视在功率 $S$ 要大于有功功率 $P$。图 1-2-1(a)所示电路的功率因数为

$$PF = \frac{P}{S} = \frac{UI}{U_2I} = \frac{U}{U_2} = \sqrt{\frac{\sin2\alpha}{4\pi} + \frac{\pi-\alpha}{2\pi}} \quad (1-14)$$

由式(1-14)可知，功率因数是控制角 $\alpha$ 的函数，且 $\alpha$ 越大，相控整流电路的输出电压越低，功率因数 PF 越小。当 $\alpha=0$ 时，PF=0.707 为最大值。这是因为电路的输出电流中不仅存在谐波，而且基波电流与基波电压(即电源输入正弦电压)也不同相，即使是电阻性负载，PF 也不会等于 1。

必须注意的是，晶闸管 VT 在上述工作过程中承受的正向峰值电压为 $\sqrt{2}U_2$，管子两端电压 $u_T$ 的波形如图 1-2-1(b)所示。

### 1.2.2 电感性负载

整流电路的负载常常是包括含有电感的电感性负载(简称感性负载)。感性负载可以等效为电感 $L$ 和电阻 $R$ 的串联。图 1-2-2(a)所示是单相半波相控整流电路带感性负载的原理图，图(b)所示是该整流电路各电量波形图。

电源电压正半周，晶闸管 VT 承受正向电压，$\alpha$ 时刻触发晶闸管 VT 使其导通，电源电压 $u_2$ 全部加在感性负载上(忽略晶闸管的管压降)，负载两端的电压 $u_d=u_2$。由于电感中感应电动势的作用，电流 $i_d$ 只能从零开始缓慢上升，滞后电压一定电角度时达到最大值，随后 $i_d$ 开始减小。

$\pi$ 时刻，$u_2$ 过零变负时，$i_d$ 并未下降到零，由于电感中产生上负下正的感应电动势阻碍电流的减小，并且上负下正的感应电动势对晶闸管加正向电压，使晶闸管继续承受正向电压而保持导通一段时间，电感量越大，继续导通的时间越长，此时负载上的电压 $u_d$ 为负，直到电感上的感应电动势与电源电压大小相等，$i_d$ 下降到零，晶闸管 VT 受零压关断。此后晶闸管承受反压处于关断状态，直到下一周期的 $2\pi+\alpha$ 时刻，触发脉冲又使晶闸管导通，并重复上述过程。

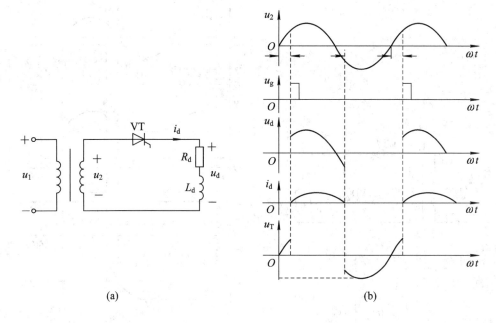

(a)        (b)

图 1-2-2 单相半波相控整流电路带感性负载

从图 1-2-2(b)所示的波形可知，在 $\alpha$ 到 $\pi$ 期间，负载上的电压为正，在 $\pi$ 到 $\theta+\alpha$ 期间，负载上电压为负，因此，与电阻负载相比，感性负载上所得到的输出电压平均值变小了，其值可以由下式计算：

$$U_{dL} = \frac{1}{2\pi}\int_{\alpha}^{\alpha+\theta} u_L \, d(\omega t) = \frac{1}{2\pi}\int_{\alpha}^{\alpha+\theta} L \frac{di_d}{dt} d(\omega t) = \frac{\omega L}{2\pi}\int_{0}^{0} di_d = 0 \qquad (1-15)$$

$$U_d = U_{dR} + U_{dL} = U_{dR} = \frac{1}{2\pi}\int_{\alpha}^{\alpha+\theta} u_R \, d(\omega t) \qquad (1-16)$$

式(1-16)表明，带感性负载时输出电压的平均值等于电阻负载上的电压平均值。

由于负载中存在着电感，使负载电压波形出现负值部分，所以，负载电压的平均值因电感的存在而减小了，晶闸管的导通角 $\theta$ 变大，且负载中 $L$ 越大，$\theta$ 越大，输出电压波形图上负的面积就越大，从而使输出电压平均值减小。在大电感负载 $\omega L \gg R_d$ 的情况下，负载电压波形图中正负面积近似相等，即不论 $\alpha$ 为何值，$\theta \approx 2\pi - 2\alpha$，$U_d \approx 0$。

### 1.2.3 大电感负载并联续流二极管

由以上分析可知，在单相半波相控整流电路中，由于电感的存在，整流输出电压的平均值将减小，特别在大电感负载时，不论 $\alpha$ 为何值，输出电压平均值总是很小，接近于零，平均电流也很小，负载上得不到应有的电压。解决的办法是在负载两端并联续流二极管 VD，其电路原理图如图 1-2-3(a)所示。

针对图 1-2-3(a)所示的电路，在电源电压正半周，$\alpha$ 时刻触发晶闸管使其导通，二极管 VD 承受反压而处于截止状态，负载上的电压波形与不加续流二极管时相同。当电源电压过零变负时，由于电流减小，负载上产生上负下正的感应电动势使二极管承受正向电压而导通，负载电流经 VD 继续流通。二极管导通时，反向的电源电压经 VD 使晶闸管被加

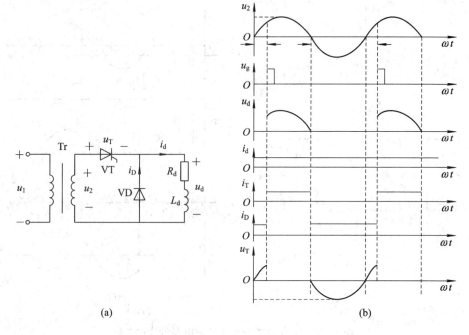

图 1-2-3 大电感负载接续流管的单相半波整流电路原理图及波形图

上反向电压而关断，在电源电压负半周，负载上电压为零（忽略二极管压降），不会出现负电压。

综上所述，在电源电压正半周期间，负载电流由晶闸管导通提供，电源电压负半周时，续流二极管 VD 维持负载电流，因此负载电流是一个连续且平稳的直流电流，带大电感负载时，负载电流波形近似为一条平行于横轴的水平直线，其值为 $I_d$，流过晶闸管的电流 $i_T$ 和流过续流二极管的电流 $i_D$ 均为矩形波，波形图如图 1-2-3(b)所示。

若设 $\theta_T$ 和 $\theta_D$ 分别为晶闸管和续流二极管在一个周期内的导通角，则很容易得出流过晶闸管的电流平均值为

$$I_{dT} = \frac{\theta_T}{2\pi}I_d = \frac{\pi - \alpha}{2\pi}I_d \qquad (1-17)$$

流过续流二极管 VD 的电流平均值为

$$I_{dD} = \frac{\theta_D}{2\pi}I_d = \frac{\pi + \alpha}{2\pi}I_d \qquad (1-18)$$

流过晶闸管和续流二极管的电流有效值分别为

$$I_T = \sqrt{\frac{\theta_T}{2\pi}}I_d = \sqrt{\frac{\pi - \alpha}{2\pi}}I_d \qquad (1-19)$$

$$I_D = \sqrt{\frac{\theta_D}{2\pi}}I_d = \sqrt{\frac{\pi + \alpha}{2\pi}}I_d \qquad (1-20)$$

晶闸管和续流二极管承受的最大电压均为 $\sqrt{2}U_2$，移相范围和电阻性负载时相同，为 $0 \sim \pi$。

由于感性负载中的电流不能突变，当晶闸管被触发导通后，阳极电流上升较缓慢，故要求触发脉冲的宽度要宽一些（大于 20°），以免阳极电流尚未升到晶闸管擎住电流时，触

发脉冲已经消失，从而导致晶闸管无法导通。

　　单相半波相控整流电路的优点是线路简单、调整方便，其缺点是带电阻性负载时，负载电流脉动大，电流的波形系数大，在同样的直流电流时，对晶闸管的额定电流要求较大，导线截面积以及变压器和电源容量增大，且整流变压器二次绕组中存在直流电流分量，使铁芯磁化，变压器容量不能充分利用。若不用变压器，则交流回路有直流电流，使电网波形畸变引起额外损耗。因此单相半波相控整流电路只适用小容量、对波形要求不高的场合。

### 1.2.4　单结晶体管同步触发电路

　　单结晶体管触发电路结构简单，输出脉冲前沿陡，抗干扰能力强，运行可靠，调试方便，温度补偿性能好，广泛应用于对中、小容量晶闸管的触发进行控制。

**1.　单结晶体管的结构与特性**

1）结构

　　单结晶体管的结构及其图形符号如图 1-2-4 所示。在一块高电阻率的 N 型硅半导体基片上，用欧姆接触方式引出两个电极，即第一基极 $b_1$ 和第二基极 $b_2$，这两个基极之间的电阻为 N 型硅的体电阻，约为 3～12 kΩ。在两基极之间，靠近 $b_2$ 极处掺入 P 型杂质，形成 PN 结，由 P 区引出发射极 e，所以它是一种特殊的半导体器件，有三个引出端，两个基极，只有一个 PN 结，故称单结晶体管，又称双基极二极管。

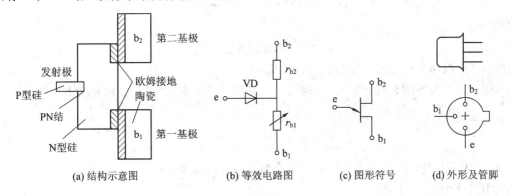

(a) 结构示意图　　　　(b) 等效电路图　　　(c) 图形符号　　　(d) 外形及管脚

图 1-2-4　单结晶体管的结构及其图形符号

　　常见的国产单结晶体管的型号有 BT 33 和 BT 35，其中 B 表示半导体，T 表示特种管，第一个数字 3 表示有 3 个电极，第二个数字 3(或 5)表示耗散功率为 300 mW(500 mW)。

　　用万用表来判别单结晶体管的好坏比较容易，可选择 $R×1$ kΩ 电阻挡进行测量，若某个电极与另外两个电极的正向电阻小于反向电阻，则该电极为发射极 e，接着测量另外两个电极的正、反向电阻，其阻值应该相等。

2）特性

　　当两个基极 $b_2$、$b_1$ 之间加某一固定直流电压 $U_{bb}$ 时，发射极电流 $I_e$ 与发射极正向电压 $U_e$ 之间的关系曲线称为单结晶体管的伏安特性 $I_e = f(U_e)$，实验电路图及特性如图 1-2-5 所示。

　　(1) 当开关 S 断开，加上发射极电压 $U_e$ 时，得到如图 1-2-5(b) 中①所示的伏安特性

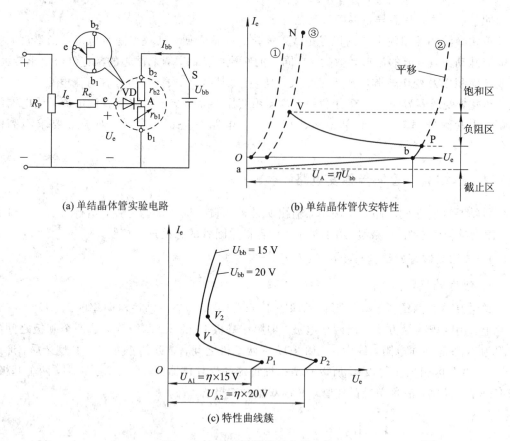

(a) 单结晶体管实验电路  (b) 单结晶体管伏安特性

(c) 特性曲线簇

图 1-2-5 单结晶体管的伏安特性

曲线，该曲线与二极管的伏安特性曲线相似。

（2）当开关 S 闭合时，电压 $U_{bb}$ 通过单结晶体管等效电路中的 $r_{b1}$ 和 $r_{b2}$ 分压，则 A 点电位 $U_A$ 可表示为

$$U_A = \frac{r_{b1}}{r_{b1} + r_{b2}} U_{bb} = \eta U_{bb} \tag{1-21}$$

式中，$\eta$ 为分压比，是单结晶体管的主要参数，一般为 0.3～0.9。

① 截止区——aP 段。

当 $U_e$ 从零开始逐渐增加，但 $U_e < U_A$ 时，单结晶体管的 PN 结反向偏置，只有很小的反向漏电流存在；随着 $U_e$ 的增加，当 $U_e = U_A$ 时，$I_e = 0$，即如图 1-2-5(b)所示特性曲线与横轴的交点 b 处；进一步增加 $U_e$，PN 结开始正偏，出现正向漏电流，直到当发射极电位 $U_e$ 增加到高出 $U_A$ 加 PN 结正向压降 $U_D$，即 $U_e = U_P = U_A + U_D$ 时，单结晶体管内部的等效二极管 VD 才导通，此时单结晶体管由截止状态进入到导通状态，并将该转折点称为峰点 P，P 点所对应的电压称为峰点电压 $U_P$，所对应的电流称为峰点电流 $I_P$。

② 负阻区——PV 段。

当 $U_e > U_P$ 时，等效二极管 VD 导通，$I_e$ 增大，这时大量的空穴载流子从发射极注入 A 点到 $b_1$ 的硅片，使 $r_{b1}$ 迅速减小，导致 $U_A$ 下降，因而 $U_e$ 也下降，使 PN 结承受更大的正偏电压，引起更多的空穴载流子注入到硅片中，使 $r_{b1}$ 进一步减小，形成更大的发射极电流 $I_e$，这是一个强烈的正反馈过程。当 $I_e$ 增大到一定程度时，硅片中载流子的浓度趋于饱和，

$r_{b1}$ 已减小至最小值，A 点的电压 $U_A$ 最小，因而 $U_e$ 也最小，得到曲线上的 V 点。V 点称为谷点，谷点所对应的电压和电流分别称为谷点电压 $U_V$ 和谷点电流 $I_V$。这一区间称为特性曲线的负阻区。

③ 饱和区——VN 段。

当硅片中载流子饱和后，欲使 $I_e$ 继续增大，必须增大电压 $U_e$，使单结晶体管处于饱和导通状态。改变电压 $U_{bb}$，器件等效电路中的 $U_A$ 和特性曲线中的 $U_P$ 也随之改变，从而可获得一簇单结晶体管伏安特性曲线，如图 1-2-5(c) 所示。

**2. 单结晶体管自激振荡电路**

利用单结晶体管的负阻特性和 $RC$ 电路的充、放电特性，可以组成单结晶体管自激振荡电路，如图 1-2-6(a) 所示。

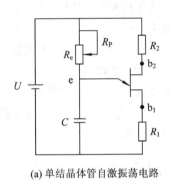

(a) 单结晶体管自激振荡电路　　　　　　(b) 波形图

图 1-2-6　单结晶体管自激振荡电路及波形

设电源未接通时，电容 $C$ 上的电压为零。电源接通后，$U$ 通过电阻 $R_e$ 对电容 $C$ 充电，充电时间常数为 $R_eC$；当电容的充电电压达到单结晶体管的峰点电压 $U_P$ 时，单结晶体管进入负阻区，并很快饱和导通，电容 $C$ 通过 $eb_1$ 结向电阻 $R_1$ 放电，在 $R_1$ 上产生脉冲电压 $u_{R1}$。在电容放电过程中，$u_C$ 按指数规律下降到谷点电压 $U_V$，单结晶体管由导通迅速转变为截止，$R_1$ 上的脉冲电压终止。此后 $C$ 又开始下一次充电，重复上述过程。由于放电时间常数 $(R_1+r_{b1})C$ 远远小于充电时间常数 $R_eC$，故在电容两端得到的是锯齿波电压，在电阻 $R_1$ 上得到的是尖脉冲电压。

应注意的是，$R_e$ 的值太大或太小时，电路均不能产生振荡。$R_e$ 太大时，充电电流在 $R_e$ 上的压降太大，电容 $C$ 上的充电电压始终达不到峰点电压 $U_P$，单结晶体管不能进入负阻区，一直处于截止状态，电路无法振荡；$R_e$ 太小时，单结晶体管导通后的 $i_e$ 将一直大于 $I_V$，单结晶体管关断不了。因此满足电路振荡的 $R_e$ 的取值范围为

$$\frac{U-U_V}{I_V} \leqslant R_e \leqslant \frac{U-U_P}{I_P} \qquad (1-22)$$

为了防止 $R_e$ 取值过小电路不能振荡，一般取一固定电阻 $r$ 与另一可调电阻 $R_e$ 串联，以调整到满足振荡条件的合适频率。若忽略电容 $C$ 的放电时间，则电路的自激振荡频率近似为

$$f = \frac{1}{T} = \frac{1}{R_eC \ln \frac{1}{1-\eta}} \qquad (1-23)$$

电路中，$R_1$ 上的脉冲电压宽度取决于电容放电时间常数。$R_2$ 是温度补偿电阻，作用是保持振荡频率的稳定。例如，当温度升高时，由于管子 PN 结具有负的温度系数，因此 $U_D$ 减小，而 $r_{bb}$ 具有正的温度系数，$r_{bb}$ 增大，$R_2$ 上的压降略减小，则使加在管子 $b_1$、$b_2$ 上的电压略升高，使得 $U_A$ 略增大，从而使峰点电压 $U_P = U_A + U_D$ 基本不变。

### 3. 具有同步环节的单结晶体管触发电路

如采用上述单结晶体管自激振荡电路输出的脉冲电压去触发相控整流电路中的晶闸管，得到的电压 $u_d$ 的波形将是不规则的，无法进行正常的控制，这是因为触发电路缺少与主电路晶闸管保持电压同步的环节。

图 1-2-7 所示是加了同步环节的单结晶体管触发电路，主电路为单相半波整流电路。要求图中 VT 在每个周期内以同样的触发延迟角 $\alpha$ 被触发导通，即触发脉冲必须在电源电压每次过零后滞后 $\alpha$ 角出现。为了使触发脉冲与电源电压的相位同步，用一个同步变压器，它的一次侧接主电路电源，二次侧经二极管半波整流、稳压削波后得梯形波，作为触发电路电源，也作为同步信号。当主电路电压过零时，触发电路的同步电压也过零，单结晶体管的 $U_{bb}$ 电压也降为零，使电容 $C$ 放电到零，保证了下一个周期电容 $C$ 从零开始充电，起到了同步作用。从图 1-2-7(b) 可以看出，每周期中电容 $C$ 的充、放电不止一次，晶闸管由第一个脉冲触发导通，后面的脉冲不起作用。改变 $R_e$ 的大小，可改变电容的充电速度，也就改变了第一个脉冲出现的角度，达到调节 $\alpha$ 角的目的。

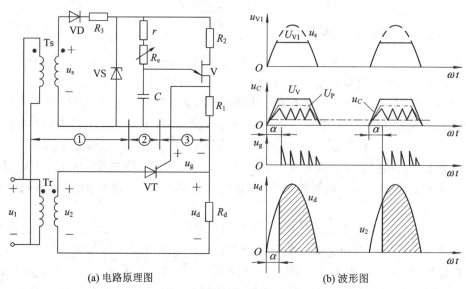

(a) 电路原理图  (b) 波形图

图 1-2-7  单结晶体管同步触发电路及波形

实际应用中，常用晶体管 V 代替可调电阻器 $R_e$，以便实现自动移相，同时脉冲的输出一般通过脉冲变压器 TP，以实现触发电路与主电路的电气隔离，如图 1-2-8 所示。

单结晶体管触发电路虽较简单，但由于它的参数差异较大，因此用于多相电路的触发时不易一致。此外，其输出功率较小，脉冲较窄，虽加有温度补偿，但应对大范围的温度变化时仍会出现误差，控制线性度不好。因此单结晶体管触发电路只用于控制对精度要求不高的单相晶闸管变流系统。

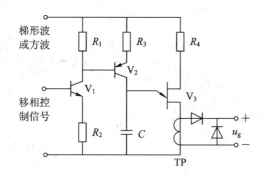

图 1-2-8 带输出脉冲变压器的单结晶体管触发电路

# 任务三 单相全控桥式整流电路

## 学习目标

◆ 掌握单相全控桥式整流电路的工作原理及其波形分析。

◆ 会使用示波器对单相全控桥式整流电路进行调试。

## 技能目标

◆ 具备单相全控桥式整流电路的接线与调试能力。

◆ 能根据单相全控桥整流电路及元件参数,进行相关的电量计算和器件选型。

单相半波相控整流电路线路简单、调试方便,但其电源电压仅工作半个周期,整流输出电压脉动大,设备利用率低,仅适用于对整流指标要求低、容量小的装置。单相桥式全控整流电路使交流电源正、负半周都能输出同方向的直流电压,脉动小,因此应用比较多。

### 1.3.1 电阻性负载

单相全控桥式整流电路带电阻性负载的电路如图 1-3-1(a)所示,其中 Tr 为整流变压器,$VT_1$、$VT_4$、$VT_3$、$VT_2$ 组成 a、b 两个桥臂,变压器二次侧电压 $u_2$ 接在 a、b 两点,4 个晶闸管组成整流桥,负载是纯电阻 $R_d$。

在 $0\sim\pi$ 时间段,交流电源电压 $u_2$ 为正半周期,a 点电位高于 b 点电位,$VT_1$、$VT_4$ 两个晶闸管同时承受正向电压,如果此时门极无触发信号 $u_g$,则两个晶闸管仍处于正向阻断状态,其等效电阻远大于负载电阻 $R_d$,电源电压 $u_2$ 将全部加在 $VT_1$ 和 $VT_4$ 上,$u_{VT1}=u_{VT4}=u_2/2$,负载上无电流流过,负载两端的电压 $u_d=0$。

在 $\alpha$ 时刻,给 $VT_1$ 和 $VT_4$ 同时加触发脉冲,则两个晶闸管立即被触发导通,电源电压 $u_2$ 将通过 $VT_1$ 和 $VT_4$ 加在负载电阻 $R_d$ 上,在 $u_2$ 的正半周期,$VT_3$ 和 $VT_2$ 均受反向电压而处于阻断状态。由于晶闸管导通时管压降可忽略不计,则负载 $R_d$ 两端的整流电压 $u_d=u_2$,当电源电压 $u_2$ 降到零时,电流 $i_d$ 也下降为零,$VT_1$ 和 $VT_4$ 受零压自然关断。

在 $\pi\sim2\pi$ 时间段,电源电压 $u_2$ 进入负半周,b 点电位高于 a 点电位,$VT_3$、$VT_2$ 两个晶

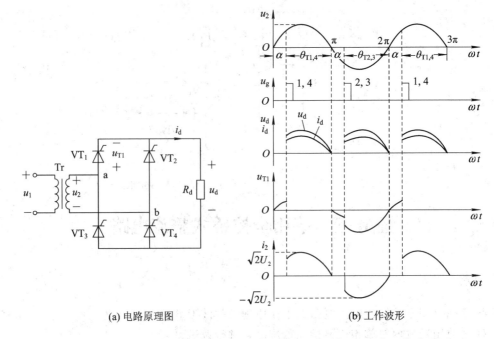

(a) 电路原理图　　　　　　　　(b) 工作波形

图 1-3-1　单相全控桥式整流电路带电阻性负载的电路原理图与工作波形图

闸管同时承受正向电压，在 $\pi+\alpha$ 时刻，同时给 $VT_3$、$VT_2$ 加触发脉冲使其导通，电流从 b 点经 $VT_2$、$R_d$、$VT_3$、a 点与 Tr 二次侧形成回路，若忽略两晶闸管的管压降，则负载 $R_d$ 两端电压为 $-u_2$，即获得与 $u_2$ 正半周相同波形的整流电压，由于电阻性负载电流与电压同相位，所以流过负载的电流波形与负载两端的电压波形完全相同，在这期间 $VT_1$、$VT_4$ 均承受反向电压而处于阻断状态。

$2\pi$ 时刻，$u_2$ 由负半周电压过零变正，$VT_3$、$VT_2$ 因承受零压而关断，$u_d$、$i_d$ 又下降为零。一个周期过后，$VT_1$、$VT_4$ 在 $2\pi+\alpha$ 时刻又被触发导通，工作过程重复第一个周期，如此循环下去。很明显，上述两组触发脉冲在相位上相差 $180°$，这就形成了如图 1-3-1(b) 所示单相全控桥式整流电路输出电压、电流和晶闸管上流过的电流及所承受的电压波形图。

由以上的原理分析可知，在交流电源 $u_2$ 的正、负半周里，$VT_1$、$VT_4$ 和 $VT_3$、$VT_2$ 两组晶闸管轮流触发导通，将交流电 $u_2$ 变成脉动的直流电 $u_d$。改变触发脉冲出现的时刻，即改变控制角 $\alpha$ 的大小，$u_d$ 和 $i_d$ 的波形和平均值大小也随之改变。

整流输出电压的平均值可按下式计算

$$U_d = \frac{1}{\pi}\int_{\alpha}^{\pi}\sqrt{2}U_2\ \sin\omega t\ \mathrm{d}(\omega t) = \frac{\sqrt{2}U_2}{\pi}(1+\cos\alpha) = 0.9U_2\frac{1+\cos\alpha}{2} \qquad (1-24)$$

由上式可知，$\alpha=\pi$ 时，$u_d$ 为最小值 0；$\alpha=0$ 时 $u_d$ 为最大值，所以单相全控桥式整流电路带电阻性负载时，$\alpha$ 的移相范围是 $0\sim180°$。

整流输出电压的有效值为

$$U = \sqrt{\frac{1}{\pi}\int_{\alpha}^{\pi}\left(\sqrt{2}U_2\ \sin\omega t\right)^2\ \mathrm{d}(\omega t)} = U_2\sqrt{\frac{1}{2\pi}\ \sin2\alpha + \frac{\pi-\alpha}{\pi}} \qquad (1-25)$$

输出电流的平均值和有效值分别为

$$I_d = \frac{U_d}{R_d} \qquad (1-26)$$

$$I = \frac{U}{R_d} = \frac{U_2}{R_d}\sqrt{\frac{1}{2\pi}\sin2\alpha + \frac{\pi - \alpha}{\pi}} \tag{1-27}$$

流过每个晶闸管的平均电流为输出电流平均值的一半，即

$$I_{dT} = \frac{1}{2}I_d = 0.45\frac{U_2}{R_d}\frac{1 + \cos\alpha}{2} \tag{1-28}$$

流过每个晶闸管的电流有效值为

$$I_T = \sqrt{\frac{1}{2\pi}\int_\alpha^\pi \left(\frac{\sqrt{2}U_2}{R_d}\sin\omega t\right)^2 d(\omega t)} = \frac{U_2}{\sqrt{2}R_d}\sqrt{\frac{1}{2\pi}\sin2\alpha + \frac{\pi - \alpha}{\pi}} = \frac{I}{\sqrt{2}} \tag{1-29}$$

晶闸管在导通时管压降 $u_T = 0$，故其波形为与横轴重合的直线；$0\sim\alpha$ 时间段，$VT_1$ 和 $VT_4$ 加正向电压但没有触发脉冲，四个晶闸管都不导通，假定 $VT_1$ 和 $VT_4$ 的漏电阻相等，则每个元件承受的最大可能的正向电压等于 $\frac{\sqrt{2}}{2}U_2$，$VT_1$ 和 $VT_4$ 反向阻断时漏电流为零，只要另一组晶闸管导通，就把整个电压 $u_2$ 加到 $VT_1$ 或 $VT_4$ 上，故两个晶闸管承受的最大反向电压为 $\sqrt{2}U_2$。

在一个周期内，每个晶闸管只导通一次，流过晶闸管的电流波形系数为

$$K_f = \frac{I}{I_{T(AV)}} = \frac{\sqrt{\pi\sin2\alpha + 2\pi(\pi - \alpha)}}{\sqrt{2}(1 + \cos\alpha)} \tag{1-30}$$

它与半波整流时相同。但是负载电流的波形系数为

$$K_f = \frac{I}{I_{T(AV)}} = \frac{\sqrt{\pi\sin2\alpha + 2\pi(\pi - \alpha)}}{2(1 + \cos\alpha)} \tag{1-31}$$

在一个周期内电源通过变压器 Tr 两次向负载提供能量，因此负载电流有效值 $I$ 与变压器二次侧电流有效值 $I_2$ 相同。

那么电路的功率因数可以按下式计算

$$PF = \frac{P}{S} = \frac{UI}{U_2I_2} = \frac{U}{U_2} = \sqrt{\frac{\sin2\alpha}{2\pi} + \frac{\pi - \alpha}{\pi}} \tag{1-32}$$

通过上述数量关系的分析，对单相全控桥式整流电路与半波整流电路可作如下比较：

(1) $\alpha$ 的移相范围相等，均为 $0\sim180°$。

(2) 输出电压平均值 $U_d$ 是半波整流电路电压的 2 倍。

(3) 在相同的负载功率下，流过晶闸管的平均电流减小一半。

(4) 功率因数提高了 $\sqrt{2}$ 倍。

**例题 1-1** 单相全控桥式整流电路，$R_d = 4$，要求 $I_d$ 在 $0\sim25$ A 之间变化，求：

(1) 整流变压器 Tr 的变化。

(2) 连接导线的截面积(允许电流密度 $j = 6$ A/mm$^2$)。

(3) 选择晶闸管的型号(考虑两倍裕量)。

(4) 在不考虑损耗的情况下，选择整流变压器的容量。

(5) 计算负载电阻的功率。

(6) 计算电路的最大功率因数。

**解** (1) 负载上的最大平均电压为

$$U_{dmax} = I_{dmax}R_d = 25 \times 4 \text{ V} = 100 \text{ V}$$

又因为

$$U_d = 0.9U_2 \frac{1+\cos\alpha}{2}$$

当 $\alpha = 0$ 时，$U_d$ 最大，即 $U_{dmax} = 0.9U_2$，有

$$U_2 = \frac{U_{dmax}}{0.9} = \frac{100 \text{ V}}{0.9} = 111 \text{ V}$$

所以变压器的变化为

$$k = \frac{U_1}{U_2} = \frac{220}{111} \approx 2$$

（2）因为 $\alpha = 0°$ 时，$i_d$ 的波形系数为

$$K_f = \frac{\sqrt{\pi\sin2\alpha + 2\pi(\pi-\alpha)}}{2(1+\cos\alpha)} = \frac{\sqrt{2\pi^2}}{4} \approx 1.11$$

所以负载电流有效值为

$$I = K_f I_d = 1.11 \times 25 \text{ A} = 27.75 \text{ A}$$

所选导线截面积为

$$S \geqslant \frac{I}{J} = \frac{27.75}{6} \text{ mm}^2 = 4.6 \text{ mm}^2$$

故应选择 BU - 70 铜线。

（3）因 $I_T = \dfrac{I}{\sqrt{2}}$，则晶闸管的额定电流为

$$I_{T(AV)} \geqslant \frac{I_T}{1.57} = \frac{27.75}{\sqrt{2} \times 1.57} \text{ A} \approx 12.5 \text{ A}$$

考虑两倍裕量，取 30 A。

晶闸管承受最大电压为

$$U_{TM} = \sqrt{2}U_2 = \sqrt{2} \times 111 \text{ V} = 157 \text{ V}$$

考虑到两倍裕量，取 400 V，选择 KP 30 - 40 的晶闸管。

（4）$S = U_2 I_2 = U_2 I = 111 \times 27.75 \text{ V} \cdot \text{A} = 3.08 \text{ kV} \cdot \text{A}$

（5）$P_R = \dfrac{U^2 R_d}{R_d} = \dfrac{U_2^2}{R_d} = U_2 I = 111 \times 27.25 \text{ W} = 3.08 \text{ kW}$

（6）$PF = \sqrt{\dfrac{\sin2\alpha}{2\pi} + \dfrac{\pi-\alpha}{\pi}}$

$\alpha = 0°$ 时，功率因数最大，$PF = 1$。

## 1.3.2 大电感负载

当负载由电感和电阻组成时被称为阻感性负载，例如各种电机的励磁绕组、整流输出端接有平波电抗器的负载。单相全控桥式整流电路带阻感性负载的电路原理图如图 1 - 3 - 2(a) 所示。由于电感储能，且储能不能突变，因此电感中的电流不能突变，即电感具有阻碍电流变化的作用，当流过电感中的电流变化时，在电感两端将产生感应电动势，引起电压降 $u_L$。负载中电感量的大小不同，整流电路的工作情况及输出 $u_d$、$i_d$ 的波形具有不同的特点。当负载电感量 $L$ 较小（即负载阻抗角 $\varphi$ 较小），且控制角 $\alpha$ 较大，以致 $\alpha > \varphi$ 时，负载上的电

流会不连续,当电感 $L$ 增大时,负载上的电流不连续的可能性就会减小;当电感 $L$ 很大,且 $\omega L \gg R_d$ 时,这种负载称为大电感负载,此时大电感阻碍负载中电流的变化,负载电流变得更加平稳且连续,可以看做一条水平直线。各电量的波形图如图 1-3-2(b) 所示。

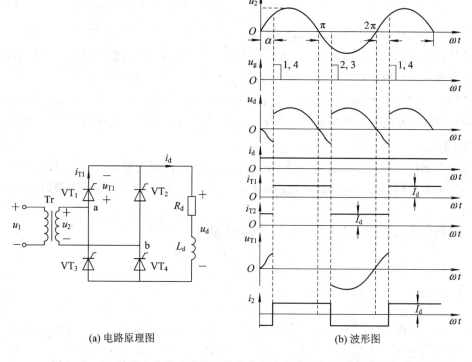

(a) 电路原理图　　　　　　　　　　(b) 波形图

图 1-3-2　单相全控桥式整流电路带大电感负载的电路原理图及波形图

在 $0\sim\pi$ 时间段,交流电源电压 $u_2$ 为正半周期,$VT_1$、$VT_4$ 承受正向电压,若在 $\alpha$ 时刻触发 $VT_1$、$VT_4$ 导通,电流从 a 点流出,经 $VT_1$、负载、$VT_4$、b 点和 Tr 二次侧形成回路。

$\pi$ 时刻,$u_2$ 过零变负,单纯的电源电压使 $VT_1$、$VT_4$ 承受零压,接下来承受反向电压,但由于大电感的存在,在电流减小的过程中,电感上产生上负下正的感应电动势 $e_L$,使 $VT_1$、$VT_4$ 继续承受正向电压而导通,当电感足够大的情况下,完全可以使 $VT_1$、$VT_4$ 继续导通到 $VT_3$、$VT_2$ 的触发脉冲到来,$VT_3$、$VT_2$ 被触发导通,$VT_1$、$VT_4$ 承受反压而关断。负载两端的电压 $u_d = u_2$,输出电压的波形出现了负值部分。负载两端的电流 $i_d$ 从零开始缓慢增加,滞后电压 $u_d$ 在一定的电角度后达到最大值,然后缓慢减小,直到 $VT_3$、$VT_2$ 被触发导通后 $i_d$ 又开始缓慢增加,大电感负载时,可以认为 $i_d$ 近似为一条水平直线。

在 $\pi\sim2\pi$ 时间段,电源电压 $u_2$ 为负半周期,晶闸管 $VT_3$、$VT_2$ 承受正向电压,在 $\pi+\alpha$ 时刻触发 $VT_3$、$VT_2$ 使其导通,$VT_1$、$VT_4$ 承受反压而关断,负载电流从 b 点经 $VT_2$、负载、$VT_3$、a 点和 Tr 二次侧形成回路。

$2\pi$ 时刻,电源电压 $u_2$ 过零变正,$VT_3$、$VT_2$ 因电感中的感应电动势并不关断,直到下一个周期 $VT_1$、$VT_4$ 导通时,$VT_3$、$VT_2$ 才承受反压而关断。

值得注意的是,只有当 $\alpha \leqslant 90°$ 时,负载电流 $i_d$ 才连续;当 $\alpha > 90°$ 时,负载电流不连续,而且输出电压的平均值均接近零,因此这种电路控制角 $\alpha$ 的移相范围是 $0°\sim90°$。

在电流连续的情况下整流输出电压的平均值为

$$U_\mathrm{d} = \frac{1}{\pi} \int_\alpha^{\pi+\alpha} \sqrt{2}U_2 \, \sin\omega t \, \mathrm{d}(\omega t) = 0.9U_2 \cos\alpha \tag{1-33}$$

整流输出电压有效值为

$$U = \sqrt{\frac{1}{\pi} \int_\alpha^{\pi+\alpha} \left(\sqrt{2}U_2 \, \sin\omega t\right)^2 \mathrm{d}(\omega t)} = U_2 \tag{1-34}$$

晶闸管所承受的最大正反向电压为 $\sqrt{2}U_2$。

晶闸管在导通时管压降 $u_\mathrm{T}=0$，故其波形为与横轴重合的直线段；$VT_1$、$VT_4$ 加正向电压但触发脉冲没到时，$VT_3$、$VT_2$ 导通，把整个电源电压 $u_2$ 加到 $VT_1$ 或 $VT_4$ 上，则每个元件承受的最大可能的正向电压等于 $\sqrt{2}U_2$；$VT_1$、$VT_4$ 反向阻断时漏电流为零，只要另一组晶闸管导通，也就把整个电源电压 $u_2$ 加到 $VT_1$ 或 $VT_4$ 上，故两个晶闸管承受的最大反向电压也为 $\sqrt{2}U_2$。

在一个周期内每组晶闸管各导通 $180°$，两组晶闸管轮流交替导通，流过变压器二次侧的电流是正负对称的方波，负载电流的平均值 $I_\mathrm{d}$ 和有效值 $I$ 相等，均等于瞬时值，其波形系数为 1。

流过每个晶闸管的电流平均值和有效值分别为

$$I_\mathrm{dT} = \frac{\theta_\mathrm{T}}{2\pi} I_\mathrm{d} = \frac{\pi}{2\pi} I_\mathrm{d} = \frac{1}{2} I_\mathrm{d} \tag{1-35}$$

$$I_\mathrm{T} = \sqrt{\frac{1}{2}} I_\mathrm{d} \tag{1-36}$$

很明显，单相全控桥式整流电路具有输出电流脉动小、功率因数高的特点，变压器二次侧中电流为两个等大反向的半波，不存在直流磁化问题，变压器的利用率高。由于理想的大电感负载是不存在的，故实际电流波形不可能是一条直线，而且在 $90°<\alpha<180°$ 区间内，电流出现断续。电感量越小，电流开始断续的 $\alpha$ 值就越小。

### 1.3.3　大电感负载并联续流二极管

由于在大电感负载情况下，当 $\alpha$ 接近 $90°$ 时，输出电压的平均值接近于零，负载上得不到应有的电压，解决办法是在负载两端反并联续流二极管，其电路原理图如图 $1-3-3$ 所示。

针对图 $1-3-3$ 所示的电路，在电源电压正半周，$\alpha$ 时刻触发晶闸管 $VT_1$、$VT_4$ 使其导通，二极管 VD 承受反压处于截止状态，负载上的电压波形与不加续流二极管时相同。当电源电压过零变负时，由于电流减小，负载上产生上负下正的感应电动势使二极管承受正向电压而导通，负载电流经 VD 继续流通。二极管导通时，反向的电源电压经 VD 使整流桥上的四个晶闸管被加上反向电压而关断。当电感量足够大时，完全可以使续流二极管续流导通到 $VT_3$、$VT_2$ 的触发脉冲到来（即 $\pi+\alpha$ 时刻），在电源电压负半周的 $\pi+\alpha$ 时刻，晶闸管 $VT_3$、$VT_2$ 的触发脉冲到来使其导通，电流的流动回路及负载上的电压、电流波形和电阻性负载时同一时间段的相同。直到 $2\pi$ 时刻，电源电压由负过零变正，单纯的电源电压使 $VT_3$、$VT_2$ 承受反压，电感中产生上负下正的感应电动势使二极管承受正向电压而导通，直到下一个周期的 $VT_1$、$VT_4$ 的触发脉冲到来，工作过程重复第一个周期。在一个周期内，续流二极管续流两次，每次导通 $\alpha$ 电角度，所以在一个周期内续流二极管的导通角

$\theta_D = 2\alpha$。在续流期间，负载上的电压为零（忽略二极管的管压降），流过负载的电流缓慢减小。

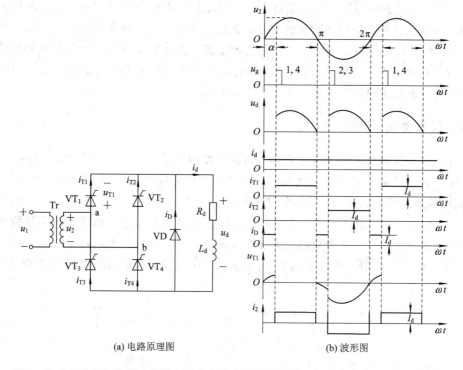

(a) 电路原理图　　　　　　　　　　　(b) 波形图

图 1-3-3　单相全控桥式整流电路大电感负载并联续流二极管的电路原理图及波形图

整流输出电压的平均值及有效值分别为

$$U_d = 0.9 U_2 \frac{1 + \cos\alpha}{2} \tag{1-37}$$

$$U = \sqrt{\frac{1}{\pi}\int_\alpha^\pi \left(\sqrt{2}U_2 \sin\omega t\right)^2 \mathrm{d}(\omega t)} = U_2 \sqrt{\frac{1}{2\pi}\sin2\alpha + \frac{\pi - \alpha}{\pi}} \tag{1-38}$$

整流输出电流的平均值及有效值分别为

$$I_d = \frac{U_d}{R_d} \tag{1-39}$$

$$I = \frac{U}{R_d} = \frac{U_2}{R_d}\sqrt{\frac{1}{2\pi}\sin2\alpha + \frac{\pi - \alpha}{\pi}} \tag{1-40}$$

流过晶闸管电流的平均值及有效值分别为

$$I_{dT} = \frac{\theta_T}{2\pi} I_d = \frac{\pi - \alpha}{2\pi} I_d \tag{1-41}$$

$$I_T = \sqrt{\frac{\theta_T}{2\pi}} I_d = \sqrt{\frac{\pi - \alpha}{2\pi}} I_d \tag{1-42}$$

晶闸管所承受的最大正反向电压为$\sqrt{2}U_2$。

流过续流二极管电流的平均值及有效值分别为

$$I_{dD} = \frac{\theta_D}{2\pi} I_d = \frac{\alpha}{\pi} I_d \tag{1-43}$$

$$I_{\mathrm{D}} = \sqrt{\frac{\theta_{\mathrm{D}}}{2\pi}} I_{\mathrm{d}} = \sqrt{\frac{\alpha}{\pi}} I_{\mathrm{d}} \tag{1-44}$$

综上所述，负载电压不会出现负电压，其波形和电阻性负载时完全一样，电压为零的时刻即是续流二极管 VD 导通续流的时刻，负载电流由两组晶闸管及续流二极管交替导通提供，因此负载电流是一个连续且平稳的直流电流，大电感负载时，负载电流波形近似为一条平行于横轴的水平直线，其值为 $I_{\mathrm{d}}$；流过晶闸管的电流 $i_{\mathrm{T}}$ 和流过续流二极管的电流 $i_{\mathrm{D}}$ 均为矩形波。该电路的波形图如图 1-3-3(b) 所示。

### 1.3.4 反电动势负载

由晶闸管等组成的相控整流主电路，其输出端的负载，除了电阻性负载、电感性负载之外，还可能是反电动势负载，例如直流电动机（直流电机的电枢旋转时产生的反电动势）、充电状态下的蓄电池等负载。负载本身是一个直流电源，有一定的直流电势 $E$ 的负载，称为电动势负载。若这种电动势负载本身的直流电势 $E$ 使整流电路中的整流管承受反压，则称这种负载为反电动势负载。蓄电池负载可以用电动势 $E$ 和内阻 $R_{\mathrm{d}}$ 表示，电动机负载可以用电动势 $E$、内阻 $R_{\mathrm{d}}$ 及内电感 $L_{\mathrm{d}}$ 来表示，这两种负载的等效电路图如图 1-3-4 所示。

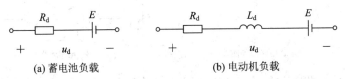

(a) 蓄电池负载　　　　　　　　　(b) 电动机负载

图 1-3-4　蓄电池负载、电动机负载的等效电路图

下面以这两种反电动势负载为例子介绍电路带反电动势负载时的原理及相关知识点。

**1. 蓄电池负载**

单相全控桥式整流电路带蓄电池负载时的原理图及波形图如图 1-3-5 所示。

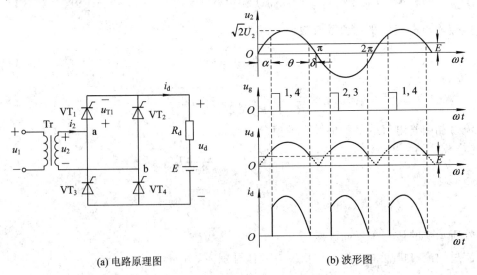

(a) 电路原理图　　　　　　　　　(b) 波形图

图 1-3-5　单相全控桥式整流电路带反电动势负载电路与波形图

整流电路接有蓄电池负载，整流电路中电感 $L$ 为零，只有当电源电压 $u_2$ 的绝对值大于反电动势 $E$ 即 $|u_2| > E$ 时，才使晶闸管承受正向电压，为导通提供条件，这时在有触发脉冲的情况下，两个承受正压的晶闸管导通。直到 $|u_2| = E$ 时，晶闸管承受反压而阻断。在晶闸管导通期间，输出整流电压 $u_d = E + i_d R_d$，整流电流 $i_d = \dfrac{u_d - E}{R_d}$，直至 $|u_2| = E$，$i_d$ 降至零时晶闸管关断，此后负载电压保持为原有电动势 $E$，故整流输出电压，即负载端直流平均电压比电阻性、电感性负载（电感性负载时有负电压）时的要高一些。图中 $|u_2| = E$ 的点至 $u_2$ 的过零点为 $\delta$ 区段，在该段所有晶闸管均处于截止状态，所以 $\delta$ 称为停止导电角。根据 $|u_2| = E$ 可得

$$\delta = \arcsin\left(\frac{E}{\sqrt{2}U_2}\right) \tag{1-45}$$

其波形如图 1-3-5(b) 所示。

在图中，晶闸管的控制角 $\alpha > \delta$，晶闸管的导通角 $\theta = \pi - \alpha - \delta$。若 $\alpha < \delta$，为保证晶闸管承受正压时加触发脉冲，这就要求触发脉冲有一定的宽度，到 $\omega t = \delta$ 时不但不消失，还要保持到晶闸管电流大于掣住电流，可靠导通后，此时晶闸管的导通角为 $\theta = \pi - 2\delta$；如果触发脉冲宽度太窄，晶闸管则不能被触发。

### 2. 电动机负载

整流电路接有电动机负载的原理图如图 1-3-6(a) 所示。

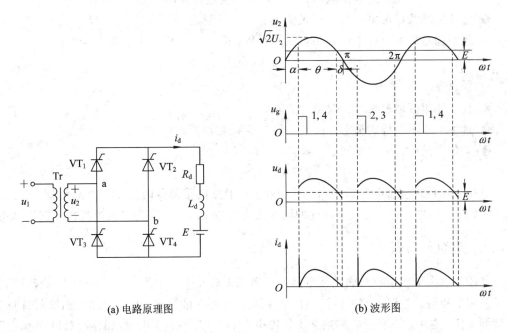

(a) 电路原理图                    (b) 波形图

图 1-3-6  整流电路接有电动机负载的原理图及波形图

该整流电路中电感量比较小，为电动机内部的小电感 $L_d$，从原理上来讲，和蓄电池负载不同的是晶闸管导通以后，当 $|u_2| = E$ 时，由于负载电流的减小，电感中会产生一较小的上负下正的感应电动势，使得正在导通的一组晶闸管继续承受正向电压保持导通状态，由于电感量较小，所以产生的感应电动势也较小，只能使晶闸管继续导通一小段时间后管

子截止。带电动机负载电路和带蓄电池负载相比较，晶闸管的导通角增大，电流波形变得相对平缓，负载两端的电压波形及流过负载的电流波形如图 $1-3-6(b)$ 所示。

通过以上分析可知，整流输出直接接反电动势负载时，由于晶闸管导通角度减小，电流不连续，而负载回路中的电阻又很小，在输出同样的平均电流时，电流峰值大，因而电流有效值将比平均值大许多，这对于直接电动机负载来说，会使其机械特性变软，而且使其整流管子换相电流加大，易产生火花。对于交流电源则因电流有效值大，要求电源的容量大，其功率因数会降低。因此，一般反电动势负载回路中常串联平波电抗器，这样可以增大时间常数，延长晶闸管的导通时间，使电流连续。只要电感足够大，就能使 $\theta=180°$，而使得输出电流波形变得连续且平直，从而改善了整流装置及电动机的工作条件。

在上述条件下，整流电压 $u_d$ 的波形和负载电流 $i_d$ 的波形与电感负载时的波形相同，基本量的计算公式也一样。

# 任务四　单相半控桥式整流电路

## 学习目标

◆ 学会由晶闸管构成的单相半控桥式整流电路的接线方法。
◆ 掌握单相半控桥式整流电路的工作原理，会进行波形分析。
◆ 会使用示波器对单相半控桥式整流电路进行调试。
◆ 能根据单相半控桥整流电路及元件参数，进行相关的电量计算和器件选型。

## 技能目标

◆ 具备使用万用表来测试晶闸管的能力。
◆ 具备单相半控桥式整流电路的接线与调试能力。
◆ 具备实操过程中发现问题、解决问题的能力。

单相全控桥式整流电路需要四个晶闸管，且触发电路要分时触发一对晶闸管，电路复杂。在实际应用中，如果对控制特性的陡度没有特殊要求，可采用单相半控桥式整流电路。

### 1.4.1　电阻性负载

将任务三中单相全控桥式整流电路的原理图中的其中两个晶闸管换成两个二极管即变成了单相半控桥式整流电路，它与单相全控桥式整流电路相比，较为经济，触发装置响应也简单一些，在中、小容量的相控整流装置中得到了广泛的应用。单相半控桥式整流电路的工作特点是：晶闸管需触发才能导通；整流二极管则在电源电压过零点处自然换相导通。单相半控桥式整流电路带电阻性负载的电路原理图如图 $1-4-1(a)$ 所示。

在该电路中，两个晶闸管 $VT_1$、$VT_2$ 共阴极连接，阴极电位相等，阳极电位高的管子在有触发信号时更容易导通，导通后使另一个管子承受反压处于截止状态。两个二极管 $VD_1$、$VD_2$ 共阳极连接，阴极电位低的管子处于导通状态，导通后使另一个二极管承受反

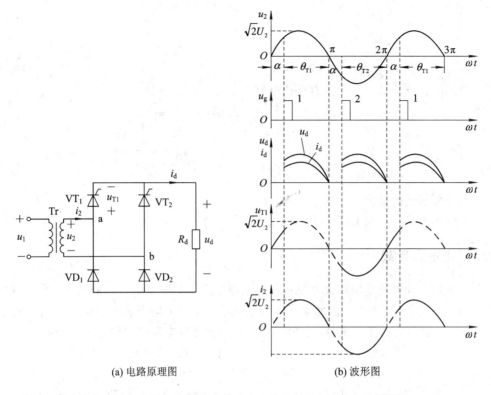

(a) 电路原理图　　　　　　　　(b) 波形图

图 1-4-1　单相半控桥式整流电路带电阻性负载的电路原理图

压截止。

在 $0\sim\pi$ 时间段：交流电源电压 $u_2$ 为正半周期，a 点电位高于 b 点电位，即 $VT_1$ 的阳极电位高于 $VT_2$ 的阳极电位，$\alpha$ 时刻给 $VT_1$ 加触发脉冲，则 $VT_1$ 管子导通，$VT_1$ 导通后使 $VT_2$ 承受反压处于截止状态，形成的电路回路为：a→$VT_1$→$R_d$→$VD_2$→b。若忽略晶闸管和二极管的管压降，则整个电源电压 $u_2$ 加在负载两端，即 $u_d=u_2$，流过负载的电流 $i_d=u_d/R_d$，电流波形形状与电压波形形状完全相同。

$\pi$ 时刻，电源电压 $u_2$ 过零点，进入负半周期（b 点电位高于 a 点电位），$VT_1$ 关断。虽然 $VT_2$ 承受正向电压，但无触发信号，处于正向阻断状态，负载上无电流流过，负载两端的电压为零，即 $u_d=0$，$i_d=0$。

$\pi+\alpha\sim2\pi$ 时间段：在 $\pi+\alpha$ 时刻，给 $VT_2$ 加触发脉冲，则 $VT_2$ 管子导通，$VT_2$ 导通后使 $VT_1$ 承受反压处于截止状态，形成的电路回路为：b→$VT_2$→$R_d$→$VD_1$→a。若忽略晶闸管和二极管的管压降，则负载两端的电压 $u_d=-u_2$，流过负载的电流 $i_d=u_d/R_d$，电流波形形状与电压波形形状完全相同。

整流输出电压的平均值及有效值分别为

$$U_d=\frac{1}{\pi}\int_\alpha^\pi \sqrt{2}U_2\sin\omega t\,\mathrm{d}(\omega t)=\frac{\sqrt{2}U_2}{\pi}(1+\cos\alpha)=0.9U_2\frac{1+\cos\alpha}{2} \qquad (1-46)$$

$$U=\sqrt{\frac{1}{\pi}\int_\alpha^\pi\left(\sqrt{2}U_2\sin\omega t\right)^2\mathrm{d}(\omega t)}=U_2\sqrt{\frac{1}{2\pi}\sin2\alpha+\frac{\pi-\alpha}{\pi}} \qquad (1-47)$$

整流输出电流的平均值及有效值分别为

$$I_d = \frac{U_d}{R_d} \quad (1-48)$$

$$I = \frac{U}{R_d} = \frac{U_2}{R_d} \sqrt{\frac{1}{2\pi} \sin 2\alpha + \frac{\pi - \alpha}{\pi}} \quad (1-49)$$

流过每个晶闸管电流的平均值及有效值分别为

$$I_{dT} = \frac{1}{2} I_d = 0.45 \frac{U_2}{R_d} \frac{1 + \cos\alpha}{2} \quad (1-50)$$

$$I_T = \sqrt{\frac{1}{2\pi} \int_\alpha^\pi \left( \frac{\sqrt{2}U_2}{R_d} \sin\omega t \right)^2 d(\omega t)} = \frac{U_2}{\sqrt{2}R_d} \sqrt{\frac{1}{2\pi} \sin 2\alpha + \frac{\pi - \alpha}{\pi}} = \frac{I}{\sqrt{2}} \quad (1-51)$$

晶闸管所承受的最大正反向电压为$\sqrt{2}U_2$。

该电路相关量的波形如图 $1-4-1$(b)所示。

### 1.4.2　大电感负载

单相半控桥式整流电路带大电感负载的电路原理图如图 $1-4-2$(a)所示。由于电感有储能作用，且储能不能突变，因此电感中的电流不能突变，即电感具有阻碍电流变化的作用，当流过电感中的电流变化时，在电感两端将产生感应电动势阻碍电流的变换。

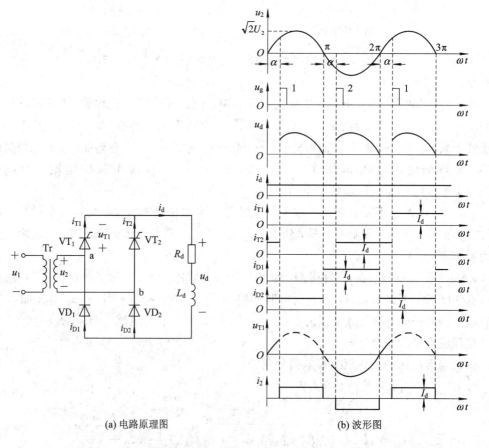

(a) 电路原理图　　　　　　　　(b) 波形图

图 $1-4-2$　单相半控桥式整流电路带大电感负载的电路原理图及波形图

在 $0 \sim \pi$ 时间段，交流电源电压 $u_2$ 为正半周期，$VT_1$、$VD_2$ 承受正向电压，若在 $\alpha$ 时刻触发 $VT_1$ 导通，电流从 a 点流出，经 $VT_1$、负载、$VD_2$、b 点和 Tr 二次形成回路，忽略管子的管压降，则整个电源电压全部加在负载两端，负载电压 $u_d = u_2$，由于是感性负载，则负载电流 $i_d$ 滞后负载电压一定的电角度缓慢变化。

$\pi$ 时刻，$u_2$ 过零变负，电流从二极管 $VD_2$ 向 $VD_1$ 换流，单纯的电源电压使 $VT_1$ 承受零压，接下来承受反向电压，但由于大电感的存在，在电流减小的过程中，电感上产生上负下正的感应电动势 $e_L$，使 $VT_1$ 继续承受正向电压而导通，形成这样的电流回路：$e_{L+} \rightarrow R_d \rightarrow VD_1 \rightarrow VT_1 \rightarrow e_{L-}$，电流在桥臂内部实现了续流，称为桥臂的自续流。若忽略管子的管压降，则负载两端电压为零，流过负载的电流则随着电感中储存的能量的释放缓慢减小。

$\pi + \alpha \sim 2\pi$ 时间段：当电感足够大的情况下，完全可以使 $VT_1$ 继续导通到 $VT_2$ 的触发脉冲到来（$\pi + \alpha$ 时刻），$VT_2$ 被触发导通，$VT_1$ 承受反压而关断，电流从晶闸管 $VT_1$ 向 $VT_2$ 换流。形成的电流回路为：b 点 $\rightarrow VT_2 \rightarrow$ 负载 $\rightarrow VD_1 \rightarrow$ a 点和 Tr 二次形成回路，忽略管子的管压降，负载两端的电压 $u_d = -u_2$，电流 $i_d$ 缓慢增加。

$2\pi$ 时刻，电源电压 $u_2$ 过零变正，电流从二极管 $VD_1$ 向 $VD_2$ 换流，$VT_2$ 因电感中的感应电动势并不关断，电流在 $VD_2$ 和 $VT_2$ 上下两个桥臂上实现自续流，形成的电流回路为：$e_{L+} \rightarrow R_d \rightarrow VD_2 \rightarrow VT_2 \rightarrow e_{L-}$，若忽略管子的管压降，则负载两端电压为零，流过负载的电流则随着电感中储存的能量的释放缓慢减小。直到下一个周期的 $VT_1$ 的触发脉冲到来（$2\pi + \alpha$ 时刻），$VT_1$ 导通，电流从晶闸管 $VT_2$ 向 $VT_1$ 换流，接下来重复第一个周期的工作情况。

结论：

(1) 在大电感负载的情况下，由于负载中电感足够大，可以认为负载电流 $i_d$ 连续且近似水平的一条直线，相关波形图如图 1-4-2(b) 所示。由于桥臂的自续流，输出电压波形和电阻性负载时一样没有出现负的部分，$\alpha$ 的移相范围为 $0° \sim 180°$。

(2) 晶闸管在触发时刻被迫换流，二极管则在电源电压过零时自然换流。

(3) 流过晶闸管和二极管的电流都是宽度为 $180°$ 的方波，即晶闸管和二极管的导通角均为 $180°$，与 $\alpha$ 无关。

## 1.4.3　大电感负载并联续流二极管

上一节中讲的单相半控桥式整流电路带大电感负载时桥臂本身可以实现自续流，但实际运行时，一旦触发脉冲丢失或者突然把控制角 $\alpha$ 增大到 $180°$ 以上时，会发生正在导通的晶闸管一直导通而两个二极管轮流交替导通的现象，输出电压波形为正弦半波（即半个周期为正弦波，半个周期为零），触发信号对输出电压失去了控制作用，这种现象称为失控。为了防止失控现象的发生，带电感性负载的半控桥式整流电路还需要反并联一个续流二极管 VD，电路原理图如图 1-4-3(a) 所示。

加上续流二极管之后，当 $u_2$ 电压降到零时，负载电流经续流二极管续流，整流桥输出端只有不到 1 V 的压降，迫使晶闸管与二极管串联电路中的电流降到晶闸管的维持电流以下，使晶闸管关断，这样就不会出现失控现象了。接上续流二极管后电压、电流波形图如图 1-4-3(b) 所示。

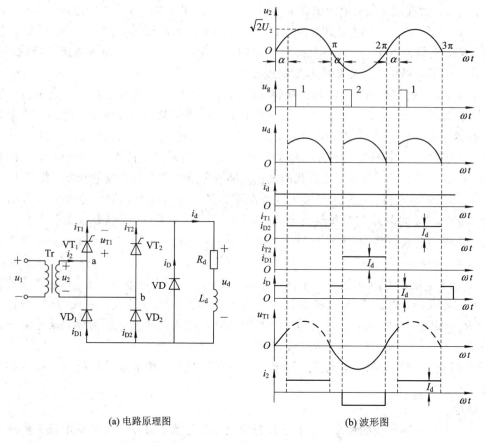

(a) 电路原理图　　　　　　　　　(b) 波形图

图 1-4-3　半控桥式整流电路带电感性负载反并联续流二极管时的电路原理图及波形图

根据上述分析，可求出输出电压、电流平均值为

$$U_d = 0.9U_2 \frac{1+\cos\alpha}{2} \qquad (1-52)$$

$$I_d = \frac{U_d}{R_d} \qquad (1-53)$$

在控制角为 $\alpha$ 时，一个周期内每个晶闸管的导通角为 $\theta_T = \pi - \alpha$，续流二极管一个周期续流两次，其导通角为 $\theta_D = 2\alpha$，则流过晶闸管电流的平均值和有效值及可能承受的最高电压分别为

$$I_{dT} = \frac{\theta_T}{2\pi} I_d = \frac{\pi - \alpha}{2\pi} I_d \qquad (1-54)$$

$$I_T = \sqrt{\frac{\theta_T}{2\pi}} I_d = \sqrt{\frac{\pi - \alpha}{2\pi}} I_d \qquad (1-55)$$

流经续流二极管电流的平均值和有效值分别为

$$I_{dD} = \frac{\theta_D}{2\pi} I_d = \frac{2\alpha}{2\pi} I_d = \frac{\alpha}{\pi} I_d \qquad (1-56)$$

$$I_D = \sqrt{\frac{\alpha}{\pi}} I_d \qquad (1-57)$$

# 任务五 三相半波可控整流电路

## 学习目标

◆ 学会由晶闸管构成的三相半波整流电路的接线方法。

◆ 掌握三相半波整流电路的工作原理，会进行波形分析。

◆ 会使用示波器对三相半波整流电路进行调试。

◆ 能根据三相半波整流电路及元件参数，进行相关的电量计算和器件选型。

◆ 掌握锯齿波同步触发电路的工作原理。

## 技能目标

◆ 具备使用万用表来测试晶闸管的能力。

◆ 掌握确定三相交流电源相序的方法。

◆ 具备三相半波整流电路的接线与调试能力。

◆ 具备调试锯齿波同步触发电路的能力。

◆ 具备实操过程中发现问题、解决问题的能力。

单相相控整流电路元器件少，线路简单，调试方便，但输出电压的脉动较大，当所带负载容量较大时，若采用单相相控整流电路，将造成电网三相电压的不平衡，影响其他用电设备的正常运行，因此必须采用三相相控整流电路。三相相控整流电路的形式有三相半波、三相桥式整流电路两大类，三相半波相控整流电路是基础，其分析方法对研究其他整流电路(包括双反星形相控整流电路和十二脉波相控整流电路)非常有益。

### 1.5.1 电阻性负载

三相半波相控整流电路根据三个整流管的连接接法可以分成两种：如果将三个晶闸管的阴极连在一起接到负载端，这种接法称为共阴极接法；若将三个晶闸管的阳极连在一起，则称为共阳极接法。现以共阴极接法的电路为例进行讲解，带电阻性负载的共阴极接法的三相半波可控整流电路原理图如图 1 - 5 - 1(a)所示。图中三个晶闸管的阳极分别接到变压器二次侧，共阴极接法时触发电路有公共点，接法比较方便，应用更广泛，下面分析共阴极接法的工作原理。

#### 1. 电路的工作原理与波形分析

对于共阴极连接的三相半波可控整流电路来说，三个管子的阴极是等电位点，阳极电位高的管子容易被触发导通。变压器二次侧三相相电压 $u_U$、$u_V$、$u_W$ 波形的正半周交点横坐标分别用 $\omega t_1$、$\omega t_2$、$\omega t_3$、$\omega t_4$、$\omega t_5$、$\omega t_6$ 来表示，通过图 1 - 5 - 1(b)图波形图可以看出，在 $\omega t_1 \sim \omega t_2$ 期间，U 相相电压最高；在 $\omega t_2 \sim \omega t_3$ 期间，V 相相电压最高；在 $\omega t_3 \sim \omega t_4$ 期间，W 相相电压最高。

在 $\omega t_1 \sim \omega t_2$ 期间，U 相电压比 V、W 相都高，如果在 $\omega t_1$ 时刻触发晶闸管 $VT_1$，则 $VT_1$ 导通，形成的电流回路为：U 相→负载→N。忽略管子的管压降，负载上得到电压为 U 相相电压 $u_U$。

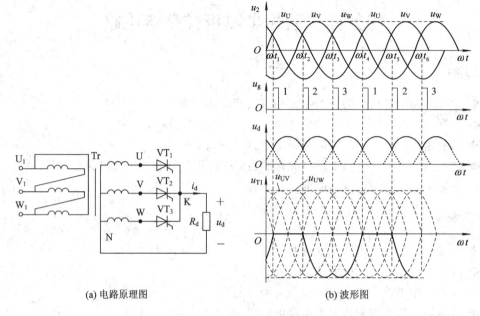

(a) 电路原理图　　　　　　　　　　　　(b) 波形图

图 1-5-1　电阻性负载的三相半波相控整流电路原理图及波形图（α＝0°）

在 $\omega t_2 \sim \omega t_3$ 期间，V 相电压比 U、W 相都高，若在 $\omega t_2$ 时刻触发 VT$_2$，则 VT$_2$ 导通，形成的电流回路为：V 相→负载→N。忽略管子的管压降，负载上得到电压为 V 相相电压 $u_V$。VT$_2$ 导通使 VT$_1$ 承受反向电压而关断。

在 $\omega t_3 \sim \omega t_4$ 期间，W 相电压比 U、V 相都高，若在 $\omega t_3$ 时刻触发 VT$_3$，则 VT$_3$ 导通，形成的电流回路为：W 相→负载→N。忽略管子的管压降，负载上得到电压为 W 相相电压 $u_W$。VT$_3$ 导通使 VT$_2$ 承受反向电压而关断。

$\omega t_4 \sim \omega t_5$ 期间，U 相电压又最高，$\omega t_4$ 时刻又触发晶闸管 VT$_1$，则 VT$_1$ 导通，如此循环下去，输出的整流电压 $u_d$ 是三相交流相电压正半周的包络线，它是一个脉动的直流电压，在三相电源的一个周期内脉动三次。负载两端电压 $u_d$、流过负载的电流 $i_d$ 及晶闸管 VT$_1$ 两端的电压 $u_{T1}$ 的波形如图 1-5-1(b) 所示。

从图 1-5-1(b) 可知，$\omega t_1$、$\omega t_2$、$\omega t_3$ 时刻距各相电压波形过零点 30° 电角度，它是各相晶闸管能被正常触发导通的最早时刻，在该点以前，对应的晶闸管因承受反压而不能触发导通，所以把这些点（三相相电压正半周的交点）称为自然换流点。在三相相控整流电路中，把自然换流点作为计算控制角 α 的起点，即 α＝0°。而在前面几个任务中讲的单相整流电路的 α 的起算点（即 α＝0°）为坐标原点。

增大控制角 α，当 α＝18° 时，给每个晶闸管所施加的触发脉冲 $U_{g1}$、$U_{g2}$、$U_{g3}$ 应从自然换流点处向右移 18°，如图 1-5-2 所示，各相触发脉冲的间隔为 120°。VT$_1$ 管子被触发导通后，自然换流点 $\omega t_2$ 时刻，V 相电压高于 U 相电压，但是由于 V 相对应的管子 VT$_2$ 的触发信号还没有到来，所以 VT$_2$ 不能导通，此时虽然 U 相电压不是最高，但是仍然是大于零的，VT$_1$ 仍然受正压继续保持导通状态。直到 $\omega t_2 + 18°$（α＝18°）时，VT$_2$ 被触发导通，才使 VT$_1$ 承受反压而关断，负载电流从 U 相换到 V 相。以后各相如此，轮流导通，任何时候总有一个晶闸管处于导通状态，一个周期之内每个管子的导通角为 120°，所以输出电流 $i_d$ 保持连续，输出电压波形如图 1-5-2 所示。

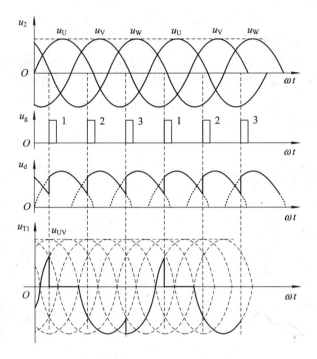

图 1-5-2 电阻性负载 $\alpha=18°$ 时的波形

进一步增大控制角 $\alpha$，整流输出电压将逐渐减小。当 $\alpha=30°$ 时，给每个晶闸管所施加的触发脉冲 $U_{g1}$、$U_{g2}$、$U_{g3}$ 应从自然换流点处向右移 $30°$，通过上面的分析可知，$VT_2$ 管子的触发脉冲到来时，$VT_1$ 管子对应的阳极电压刚好过零点，$u_d$、$i_d$ 波形临界连续，其波形图如图 1-5-3 所示。

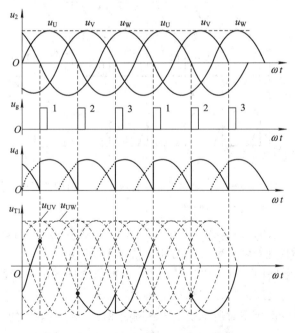

图 1-5-3 电阻性负载 $\alpha=30°$ 时的波形

继续增大控制角 $\alpha$，当 $\alpha > 30°$ 时，U 相电压过零点时，$VT_1$ 管子受零压关断，但是 $VT_2$ 管子的触发脉冲还没有到来，$VT_2$ 还不能导通，所以此时三个晶闸管均处于截止状态，负载上没有电流流过，负载两端的电压也为零。所以在 $\alpha > 30°$ 时输出电压和电流波形将不再连续。图 1-5-4 所示是 $\alpha = 60°$ 时的输出电压波形。若控制角 $\alpha$ 继续增大，则整流输出电压将继续减小，图 1-5-5 和图 1-5-6 所示分别是 $\alpha = 90°$ 和 $\alpha = 120°$ 时的输出电压波形。当 $\alpha = 150°$ 时，整流输出电压减小到零。

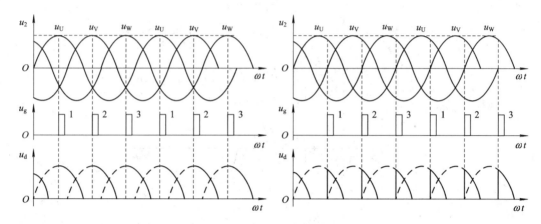

图 1-5-4　三相半波相控整流 $\alpha = 60°$ 时的波形图　图 1-5-5　三相半波相控整流 $\alpha = 90°$ 时的波形图

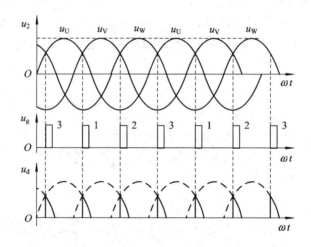

图 1-5-6　三相半波相控整流 $\alpha = 120°$ 时的波形图

通过以上分析，可以得出如下结论：

（1）在 $\alpha \leqslant 30°$ 时负载电流连续，每个晶闸管的导电角为 $120°$；当 $30° \leqslant \alpha \leqslant 150°$ 时，输出电压和电流波形将不再连续，每个管子的导通角为 $150° - \alpha$。

（2）在电源交流电路中不存在电感情况下，晶闸管之间的电流转移是在瞬间完成的。

（3）负载上得到的电压波形是三相相电压的一部分。

（4）晶闸管处于截止状态时所承受的电压是三相交流电线电压的一部分。

（5）整流输出电压的脉动频率为 $3 \times 50\ \text{Hz} = 150\ \text{Hz}$（脉动数 $m = 3$）。

**2. 电路相关的电量计算**

若设 U 相电源输入相电压为 $u_U=\sqrt{2}U_2\sin\omega t$，V 相、W 相相应滞后 120°，其表达式分别为

$$u_V = \sqrt{2}U_2\sin(\omega t - 120°) \qquad (1-58)$$

$$u_W = \sqrt{2}U_2\sin(\omega t + 120°) \qquad (1-59)$$

则该电路相关的数量关系为：

（1）$\alpha=0°$ 时，整流输出电压平均值 $U_d$ 最大。随着 $\alpha$ 的增大，$U_d$ 减小，当 $\alpha=150°$ 时，$U_d=0$。所以三相半波相控电路带电阻性负载时 $\alpha$ 移相范围为 0°～150°。

（2）$\alpha\leqslant30°$ 时，负载电流连续，一个周期内每个晶闸管的导通角为 120°，即导通角 $\theta_T=120°$。输出电压平均值 $U_d$ 为

$$U_d = \frac{1}{\frac{2\pi}{3}}\int_{\frac{\pi}{6}+\alpha}^{\frac{5\pi}{6}+\alpha}\sqrt{2}U_2\sin\omega t\,\mathrm{d}(\omega t) = \frac{3\sqrt{6}}{2\pi}U_2\cos\alpha = 1.17U_2\cos\alpha \qquad (1-60)$$

（3）$30°\leqslant\alpha\leqslant150°$ 时，负载电流断续，$\theta_T=150°-\alpha$，输出电压平均值 $U_d$ 为

$$U_d = \frac{1}{\frac{2\pi}{3}}\int_{\frac{\pi}{6}+\alpha}^{\pi}\sqrt{2}U_2\sin\omega t\,\mathrm{d}(\omega t) = \frac{3\sqrt{2}}{2\pi}U_2\left[1+\cos\left(\frac{\pi}{6}+\alpha\right)\right]$$

$$= 1.17U_2\frac{1+\cos(30°+\alpha)}{\sqrt{3}} = 0.675U_2[1+\cos(30°+\alpha)] \qquad (1-61)$$

（4）负载电流的平均值为

$$I_d = \frac{U_d}{R_d} \qquad (1-62)$$

（5）流过每个晶闸管的电流平均值为

$$I_{dT} = \frac{1}{3}I_d \qquad (1-63)$$

（6）晶闸管所承受的最大反向电压为三相交流电线电压的峰值，即 $\sqrt{6}U_2$，最大正向电压为电源相电压的峰值，即 $\sqrt{2}U_2$。

## 1.5.2 大电感负载

三相半波相控整流电路带大电感负载时的原理图如图 1-5-7 所示。

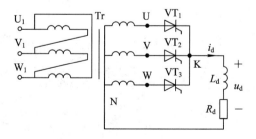

图 1-5-7 三相半波相控整流电路带大电感负载时的原理图

**1. 电路的工作原理及波形分析**

三相半波相控整流电路带大电感负载，在 $\alpha\leqslant30°$时工作原理及相关量的波形与电阻性负载时相同。

当 $\alpha>30°$时，由于感性负载中大电感的存在，在负载电流变化时，电感中的感应电动势仍然可以使正在导通的管子保持导通状态，直到下一个管子的触发脉冲到来。所以，输出电压、电流波形仍然连续，且出现了负的部分，并且随着 $\alpha$的增加，负值部分增多，当 $\alpha=90°$时，负载电压波形中正负面积相等，平均值为零，即 $U_d=0$。所以大电感负载时 $\alpha$的移相范围为 $0°\sim90°$。图 $1-5-8$为 $\alpha=60°$时的波形。

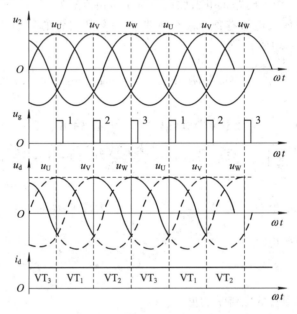

图 $1-5-8$　三相半波相控整流电路带大电感负载 $\alpha=60°$时的波形图

**2. 电路的相关电量计算**

（1）整流输出电压平均值 $U_d$

$$U_d = \frac{1}{\frac{2\pi}{3}}\int_{\frac{\pi}{6}+\alpha}^{\frac{5\pi}{6}+\alpha}\sqrt{2}U_2\sin\omega t\,\mathrm{d}(\omega t) = \frac{3\sqrt{6}}{2\pi}U_2\cos\alpha = 1.17U_2\cos\alpha \qquad (1-64)$$

（2）因为是大电感负载，所以电流波形接近一条水平直线，输出电流的平均值、有效值都和瞬时值相等，即

$$I_d = I = i_d = \frac{U_d}{R_d} \qquad (1-65)$$

（3）每个晶闸管的导通角 $\theta_T=120°$，所以流过每个晶闸管的电流平均值与有效值分别为

$$I_{dT} = \frac{1}{3}I_d \qquad (1-66)$$

$$I_T = \sqrt{\frac{1}{3}}I_d = 0.577I_d \qquad (1-67)$$

（4）每个晶闸管在一个周期内的电流波形为正向矩形波，变压器二次相电流与晶闸管电流相同，所以其有效值为

$$I_2 = I_T = 0.577I_d \tag{1-68}$$

（5）通过分析可知，大电感负载时，晶闸管可承受的最大正反向电压均为$\sqrt{6}U_2$。

## 1.5.3　大电感负载并联续流二极管

三相半波相控整流电路带大电感负载时可以通过加接续流二极管的方法来解决在控制角$\alpha$接近$90°$时，输出电压波形出现正负面积相等而使其平均值为零的问题。图$1-5-9$为在大电感负载并联续流二极管 VD 后的电路原理图。

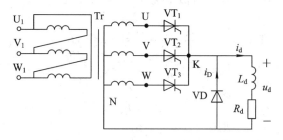

图$1-5-9$　三相半波相控整流电路带大电感负载并联续流二极管时的电路原理图

**1. 电路的工作原理及波形分析**

$\alpha<30°$时，电源电压均为正值，$u_d$波形连续，续流二极管不起作用；当$30°<\alpha\leqslant150°$时，在电源电压过零变负时，续流二极管导通为负载电流提供续流回路，晶闸管承受反向电源相电压而关断，这样，由于续流二极管的作用，$u_d$波形已不再出现负值，与电阻性负载$u_d$波形相同。图$1-5-10$为三相半波相控整流电路带大电感负载并联续流二极管$\alpha=60°$时的输出电压、电流波形。

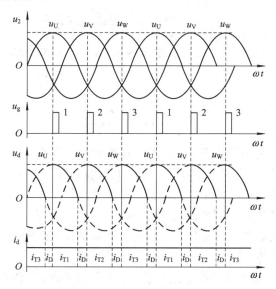

图$1-5-10$　三相半波相控整流电路带大电感负载并联续流二极管$\alpha=60°$时的输出电压、电流波形图

$\alpha>30°$时负载电流由四部分构成，即$i_d=i_{T1}+i_{T2}+i_{T3}+i_D$。一个周期内晶闸管的导通角为$\theta_T=150°-\alpha$。续流二极管在一周内导通三次，每次导通$(\alpha-30°)$电角度，因此其导通角$\theta_D=3(\alpha-30°)$。

**2. 电路的相关电量计算**

（1）负载电压平均值$U_d$和流过负载电流的平均值$I_d$

$0°\leqslant\alpha\leqslant30°$时

$$U_d=1.17U_2\cos\alpha \tag{1-69}$$

$30°<\alpha\leqslant150°$时

$$U_d=\frac{3}{2\pi}\int_{\frac{\pi}{6}+\alpha}^{\pi}\sqrt{2}U_2\sin\omega t\ \mathrm{d}(\omega t)=\frac{3\sqrt{2}}{2\pi}U_2\left[1+\cos\left(\frac{\pi}{6}+\alpha\right)\right]$$

$$=1.17U_2\frac{1+\cos(30°+\alpha)}{2}=0.675U_2\left[1+\cos\left(\frac{\pi}{6}+\alpha\right)\right] \tag{1-70}$$

$0°\leqslant\alpha\leqslant150°$时

$$I_d=\frac{U_d}{R_d} \tag{1-71}$$

（2）流过晶闸管电流的平均值$I_{dT}$和有效值$I_T$

$0°\leqslant\alpha\leqslant30°$时

$$I_{dT}=\frac{1}{3}I_d \tag{1-72}$$

$$I_T=\sqrt{\frac{1}{3}}I_d=0.577I_d \tag{1-73}$$

$30°<\alpha\leqslant150°$时

$$I_{dT}=\frac{\theta_T}{2\pi}I_d=\frac{150°-\alpha}{360°}I_d \tag{1-74}$$

$$I_T=\sqrt{\frac{\theta_T}{2\pi}}I_d=\sqrt{\frac{150°-\alpha}{360°}}I_d \tag{1-75}$$

（3）$30°<\alpha\leqslant150°$时流过续流二极管电流的平均值$I_{dD}$和有效值$I_D$

$$I_{dD}=\frac{\theta_D}{2\pi}I_d=\frac{3(\alpha-30°)}{360°}I_d=\frac{\alpha-30°}{120°}I_d \tag{1-76}$$

$$I_D=\sqrt{\frac{\theta_D}{2\pi}}I_d=\sqrt{\frac{\alpha-30°}{120°}}I_d \tag{1-77}$$

三相半波相控整流电路只用三个晶闸管，接线和控制简单，与单相电路比较，其输出电压脉动小、输出功率大、三相负载平衡。但是整流变压器每一个二次绕组在一个周期内只有1/3时间流过电流，变压器的利用率低。另外变压器二次侧绕组中电流是单方向的，其直流分量在磁场中产生直流不平衡磁动势，会引起附加损耗。如果不用变压器，则中性线电流较大，同时交流侧的直流分量会造成电网的附加损耗，因此三相半波可控整流电路多用在中、小功率的设备上。

**例题 1-2** 已知三相半波可控整流电路，带大电感负载，工作在$\alpha=60°$，$R_d=2\ \Omega$，变压器二次相电压$U_{2\varphi}=200\ V$，求不接续流二极管与接续流二极管两种情况下的$I_d$值并选择晶闸管元件。

**解**　(1) 不接续流二极管时:

因为是大电感负载,所以

$$U_{\mathrm{d}} = 1.17 U_{2\varphi} \cos\alpha = 1.17 \times 200 \ \mathrm{V} \times \cos 60° = 117 \ \mathrm{V}$$

$$I_{\mathrm{d}} = \frac{U_{\mathrm{d}}}{R_{\mathrm{d}}} = \frac{117 \ \mathrm{V}}{2 \ \Omega} = 58.5 \ \mathrm{A}$$

$$I_{\mathrm{T}} = \sqrt{\frac{1}{3}} I_{\mathrm{d}} = 33.75 \ \mathrm{A}$$

晶闸管额定电流

$$I_{\mathrm{T(AV)}} \geqslant (1.5 \sim 2) \frac{I_{\mathrm{T}}}{1.57} = (1.5 \sim 2) \frac{33.75}{1.57} \mathrm{A} = 32.25 \ \mathrm{A} \sim 43 \ \mathrm{A}$$

晶闸管额定电压 $U_{\mathrm{Tn}} \geqslant (2 \sim 3) \sqrt{6} U_{2\varphi} = (2 \sim 3) \sqrt{6} \times 200 \ \mathrm{V} = 735 \ \mathrm{V} \sim 980 \ \mathrm{V}$,所以选择型号为 KP 50 - 10 的晶闸管。

(2) 接续流二极管时:

$$U_{\mathrm{d}} = 1.17 U_{2\varphi} \frac{1 + \cos(\alpha + 30°)}{\sqrt{3}} = 0.577 \times 1.17 \times 200 \times [1 + \cos(60° + 30°)] \mathrm{V} = 135 \ \mathrm{V}$$

$$I_{\mathrm{d}} = \frac{U_{\mathrm{d}}}{R_{\mathrm{d}}} = \frac{135 \ \mathrm{V}}{2 \ \Omega} = 67.5 \ \mathrm{A}$$

$$I_{\mathrm{T}} = \sqrt{\frac{\theta_{\mathrm{T}}}{360°}} I_{\mathrm{d}} = \sqrt{\frac{150° - \alpha}{360°}} I_{\mathrm{d}} = \sqrt{\frac{150° - 60°}{360°}} \times 67.5 \ \mathrm{A} = 33.75 \ \mathrm{A}$$

晶闸管额定电流

$$I_{\mathrm{T(AV)}} \geqslant (1.5 \sim 2) \frac{I_{\mathrm{T}}}{1.57} = (1.5 \sim 2) \frac{33.75}{1.57} \ \mathrm{A} = 32.25 \ \mathrm{A} \sim 43 \ \mathrm{A}$$

晶闸管额定电压 $U_{\mathrm{Tn}} \geqslant (2 \sim 3) \sqrt{6} U_{2\varphi} = (2 \sim 3) \sqrt{6} \times 200 \ \mathrm{V} = 735 \ \mathrm{V} \sim 980 \ \mathrm{V}$,所以选择型号为 KP 50 - 10 的晶闸管。

## 1.5.4　同步电压为锯齿波的触发电路

晶闸管的电流容量越大,需要的触发功率就越大。对于大、中电流容量的晶闸管,为了保证其触发脉冲具有足够的功率,往往采用由晶体管组成的触发电路,同步电压为锯齿波的触发电路就是其中之一,该电路不受电网波动和波形畸变的影响,移相范围宽,应用广泛。

图 1 - 5 - 11 所示为锯齿波同步触发电路的电路原理图,该电路由以下五个基本环节组成:① 同步环节;② 锯齿波形成及脉冲移相环节;③ 脉冲形成、放大和输出环节;④ 双脉冲形成环节;⑤ 强触发环节。

### 1. 同步环节

如图 1 - 5 - 11 所示,同步环节由同步变压器 Tr,晶体管 $V_2$,二极管 $VD_1$,$VD_2$,$R_1$ 及 $C_1$ 等组成。在锯齿波触发电路中,同步就是要求锯齿波的频率与主回路电源的频率相同。锯齿波是由起开关作用的 $V_2$ 控制的,$V_2$ 截止期间产生锯齿波,$V_2$ 截止持续时间就是锯齿波的宽度,$V_2$ 开关的频率就是锯齿波的频率。要使触发脉冲与主回路电源同步,必须使 $V_2$ 开关的频率与主回路电源频率达到同步。同步变压器和整流变压器接在同一电源上,用同步变压器二次电压来控制 $V_2$ 的通断,这就保证了触发脉冲与主回路电源的同步。

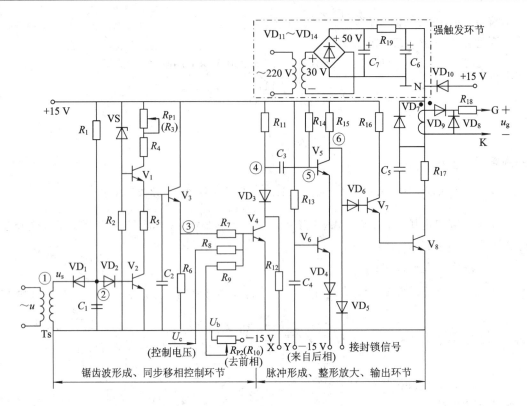

图 1-5-11 同步电压为锯齿波的触发电路

同步变压器二次电压间接加在 $V_2$ 的基极上,当二次电压为负半周的下降段时,$VD_1$ 导通,电容 $C_1$ 被迅速充电,因下端为参考点,所以②点为负电位,$V_2$ 截止。在二次电压负半周的上升段,由于电容 $C_1$ 已充至负半周的最大值,所以 $VD_1$ 截止,+15 V 通过 $R_1$ 给电容 $C_1$ 反向充电,当②点电位上升至 1.4 V 时,$V_2$ 导通,②点电位被钳位在 1.4 V。可见,$V_2$ 截止的时间长短,与 $C_1$ 反充电的时间常数 $R_1C_1$ 有关。直到同步变压器二次电压的下一个负半周到来时,$VD_1$ 重新导通,$C_1$ 迅速放电后又被充电,$V_2$ 又变为截止。如此周而复始,在一个正弦波周期内,$V_2$ 具有截止与导通两个状态,对应锯齿波恰好是一个周期,与主回路电源频率完全一致,达到同步的目的。

**2. 锯齿波形成及脉冲移相环节**

电路中由晶体管 $V_1$ 组成恒流源向电容 $C_2$ 充电,晶体管 $V_2$ 作为同步开关控制恒流源对 $C_2$ 的充、放电过程。晶体管 $V_3$ 为射极跟随器,起阻抗变换和前后级隔离作用,以减小后级对锯齿波线性的影响。

工作过程分析如下:当 $V_2$ 截止时,由 $V_1$ 管、VS 稳压二极管、$R_3$、$R_4$ 组成的恒流源以恒流 $I_{C1}$ 对 $C_2$ 充电,$C_2$ 两端电压 $u_{C2}$ 为

$$u_{C2} = \frac{1}{C_2} \int I_{C1} \, dt = \frac{I_{C1}}{C_2} t \qquad (1-78)$$

$u_{c_2}$ 随时间 $t$ 线性增长,$I_{C1}/C_2$ 为充电斜率,调节 $R_3$ 可改变 $I_{C1}$,从而调节锯齿波的斜率。当 $V_2$ 导通时,因 $R_5$ 阻值小,电容 $C_2$ 经 $R_5$、$V_2$ 管迅速放电到零。所以,只要 $V_2$ 管周期性关断、导通,电容 $C_2$ 两端就能得到线性很好的锯齿波电压。为了减小锯齿波电压与控制

电压 $U_c$、偏移电压 $U_b$ 之间的影响，锯齿波电压 $u_{C2}$ 经射极跟随器输出。

锯齿波电压 $u_{e3}$ 与 $U_c$、$U_b$ 进行并联叠加，它们分别通过 $R_7$、$R_8$、$R_9$ 与 $V_4$ 的基极相接。根据叠加原理，分析 $V_3$ 管基极电位时，可看成锯齿波电压 $u_{e3}$、控制电压 $U_c$（正值）和偏移电压 $U_b$（负值）三者单独作用的叠加。当三者合成电压 $u_{b4}$ 为负时，$V_4$ 管截止；合成电压 $u_{b4}$ 由负过零变正时，$V_4$ 由截止转为饱和导通，$u_{b4}$ 被钳位到 0.7 V。

锯齿波触发电路各点电压波形如图 1-5-12 所示。电路工作时，往往将负偏移电压 $U_b$ 调整到某值固定，改变控制电压 $U_c$ 就可以改变 $u_{b4}$ 的波形与横坐标（时间）的交点，也就改变了 $V_4$ 转为导通的时刻，即改变了触发脉冲产生的时刻，达到移相的目的。设置负偏移电压 $U_b$ 的目的是为了使 $U_c$ 为正，实现从小到大单极性调节。通常设置 $U_c = 0$ 时为 $\alpha$ 角的最大值，作为触发脉冲的初始位置，随着 $U_c$ 的调大 $\alpha$ 角减小。

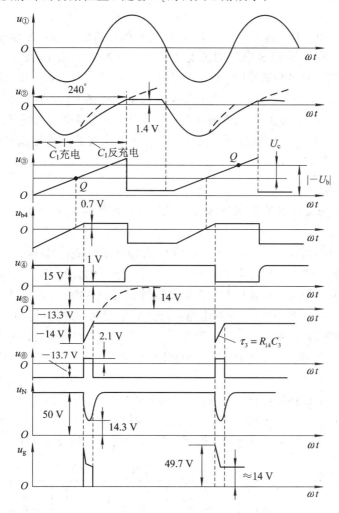

图 1-5-12　锯齿波触发电路各点电压波形

### 3. 脉冲形成、放大和输出环节

如图 1-5-11 所示，脉冲形成环节由晶体管 $V_4$、$V_5$、$V_6$ 组成；放大和输出环节由 $V_7$、$V_8$ 组成；同步移相电压加在晶体管 $V_4$ 的基极，触发脉冲由脉冲变压器二次侧输出。

当 $V_4$ 的基极电位 $u_{b4}<0.7$ V 时，$V_4$ 截止，$V_5$、$V_6$ 分别经 $R_{14}$、$R_{13}$ 提供足够的基极电流使之饱和导通，因此⑥点电位为 $-13.7$ V（二极管正向压降按 0.7 V，晶体管饱和压降按 0.3 V 计算），$V_7$、$V_8$ 处于截止状态，脉冲变压器一次侧无电流流过，二次侧无触发脉冲输出，此时电容 $C_3$ 充电。充电回路：由电源 $+15$ V 端经 $R_{11}→V_5$ 发射结 $→V_6→VD_4→$ 电源 $-15$ V 端。$C_3$ 充电电压为 28.3 V，极性为左正右负。

当 $u_{b4}=0.7$ V 时，$V_4$ 导通，④点电位由 $+15$ V 迅速降低至 1 V 左右，由于电容 $C_3$ 两端电压不能突变，使 $V_5$ 的基极电位⑤点跟着突降到 $-27.3$ V，导致 $V_5$ 截止，它的集电极电压升至 2.1 V，于是 $V_7$、$V_8$ 导通，脉冲变压器输出脉冲。与此同时，电容 $C_3$ 由 $+15$ V 经 $R_{14}$、$VD_3$、$V_4$ 放电后又反向充电，使⑤点电位逐渐升高，当⑤点电位升到 $-13.3$ V 时，$V_5$ 发射结正偏，又转为导通，使⑥点电位从 2.1 V 又降为 $-13.7$ V，迫使 $V_7$、$V_8$ 截止，输出脉冲结束。

由以上分析可知，输出脉冲产生的时刻是 $V_4$ 开始导通的瞬时，也是 $V_5$ 转为截止的瞬时。$V_5$ 截止的持续时间即为输出脉冲的宽度，所以脉冲宽度由 $C_3$ 反向充电的时间常数（$T_3=C_3R_4$）来决定，输出窄脉冲时，脉宽通常为 1 ms（即 18°）。$R_{16}$、$R_{17}$ 分别为 $V_7$、$V_8$ 的限流电阻，$VD_6$ 可以提高 $V_7$、$V_8$ 的导通阈值，增强抗干扰能力，电容 $C_5$ 用于改善输出脉冲的前沿陡度，$VD_7$ 是为了防止 $V_7$、$V_8$ 截止时脉冲变压器一次侧的感应电动势与电源电压叠加造成 $V_8$ 的击穿，脉冲变压器二次侧所接的 $VD_8$、$VD_9$，是为了保证输出脉冲只能正向加在晶闸管的门极和阴极两端。

**4. 双脉冲形成环节**

三相桥式全控整流电路要求触发脉冲为双脉冲，相邻两个脉冲间隔为 60°，该电路可以实现双脉冲输出。

图 1-5-11 所示中，$V_5$、$V_6$ 两个晶体管构成"或门"电路，当 $V_5$、$V_6$ 都导通时，$V_7$、$V_8$ 都截止，没有脉冲输出；但只要 $V_5$、$V_6$ 中有一个截止，就会使 $V_7$、$V_8$ 导通，脉冲就可以输出。$V_5$ 基极端由本相同步移相环节送来的负脉冲信号使其截止，导致 $V_8$ 导通，送出第一个窄脉冲，接着由滞后 60° 的后相触发电路在产生其本相脉冲的同时，由 $V_4$ 管的集电极经 $R_{12}$ 的 X 端送到本相的 Y 端，经电容 $C_4$ 微分产生负脉冲送到 $V_6$ 基极，使 $V_6$ 截止，于是本相的 $V_8$ 又导通一次，输出滞后 60° 的第二个窄脉冲。$VD_3$、$R_{12}$ 的作用是为了防止双脉冲信号的相互干扰。

对于三相桥式全控整流电路，电源三相 U、V、W 为正相序时，6 只晶闸管的触发顺序为 $VT_1→VT_2→VT_3→VT_4→VT_5→VT_6$，彼此间隔 60°，为了得到双脉冲，6 块触发板的 X、Y 可按图 1-5-13 所示方式连接，即后相的 X 端与前相的 Y 端相连。

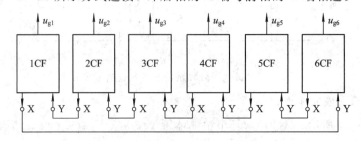

图 1-5-13 实现双脉冲连接的示意图

应当注意的是，使用这种触发电路的晶闸管装置，三相电源的相序是确定的。在安装使用时，应该先测定电源的相序，进行正确的连接。如果电源的相序接反了，装置将不能正常工作。

**5. 强触发及脉冲封锁环节**

在晶闸管串、并联使用或桥式全控整流电路中，为了保证被触发的晶闸管同时导通，可采用输出幅值高、前沿陡的强脉冲触发电路。

图 1-5-11 的右上角那部分电路即为强触发环节。变压器二次侧 30 V 电压经桥式整流，电容和电阻滤波，得近似 50 V 的直流电压。当 $V_8$ 导通时，$C_6$ 经过脉冲变压器、$R_{17}$（$C_5$）、$V_8$ 迅速放电。由于放电回路电阻较小，电容 $C_6$ 两端电压衰减很快，N 点电位迅速下降。当 N 点电位稍低于 15 V 时，二极管 $VD_{10}$ 由截止变为导通。这时虽然 50 V 电源电压较高，但它向 $V_8$ 提供较大电流时，在 $R_{19}$ 上的压降较大，使 $R_{19}$ 的左端不可能超过 15 V，因此 N 点电位被钳制在 15 V。当 $V_8$ 由导通变为截止时，50 V 电源又通过 $R_{19}$ 向 $C_6$ 充电，使 N 点电位再次升到 50 V，为下一次强触发做准备。

电路中的脉冲封锁信号为零电位或负电位，是通过 $VD_5$ 加到 $V_5$ 集电极的。当封锁信号接入时，晶体管 $V_7$、$V_8$ 就不能导通，触发脉冲无法输出。进行脉冲封锁，一般用于事故情况或者是无环流的可逆系统。二极管 $VD_5$ 的作用是防止封锁信号接地时，经 $V_5$、$V_6$ 和 $VD_4$ 到 -15 V 之间产生大电流通路。

由上述分析可见，同步电压为锯齿波的触发电路，抗干扰能力强，不受电网电压波动与波形畸变的直接影响，移相范围宽，缺点是整流装置的输出电压 $u_d$ 与控制电压 $U_c$ 之间不成线性关系，且电路较复杂。

# 任务六　三相全控桥式整流电路

## 学习目标

◆ 学会由晶闸管构成的三相全控桥式整流电路的接线方法。
◆ 掌握三相全控桥式整流电路的工作原理，会进行波形分析。
◆ 会使用示波器对三相全控桥式整流电路进行调试。
◆ 能根据三相全控桥式整流电路及元件参数，进行相关的电量计算和器件选型。
◆ 掌握锯齿波同步触发电路的调试方法。

## 技能目标

◆ 具备使用万用表来测试晶闸管的能力。
◆ 会确定三相交流电源的相序。
◆ 具备三相全控桥式整流电路的接线与调试能力。
◆ 具备实操过程中发现问题、解决问题的能力。

实际应用中由于三相全控桥式整流电路具有输出电压脉动小、脉动频率高、网侧功率因数高以及动态响应快的特点，因此在中、大功率领域中获得了广泛的应用。

共阴极组的三相半波相控整流电路与共阳极组的三相半波相控整流电路如果负载完全相同且控制角 $\alpha$ 一致，则负载电流在数值上相同，中性线中电流的平均值为零，因此将中性线断开不影响电路工作，再将两个负载合并为一，就成了工业上广泛应用的三相全控桥式整流电路了，即三相全控桥式整流电路是由一组共阴极接法的三相半波相控整流电路（共阴极组的晶闸管依次编号为 $VT_1$、$VT_3$、$VT_5$）和一组共阳极接法的三相半波相控整流电路（共阳极的晶闸管依次编号为 $VT_4$、$VT_6$、$VT_2$）串联起来构成的。

共阴极组的三个晶闸管 $VT_1$、$VT_3$、$VT_5$ 的阴极是等电位，阳极所接交流电压值最高的一个管子先触发导通；对于共阳极组的三个晶闸管 $VT_4$、$VT_6$、$VT_2$ 的阳极是等电位，阴极所接交流电压值最低的一个管子先触发导通。为了使电流通过负载与电源形成回路，必须在共阴极组和共阳极组中各有一个晶闸管同时导通。

### 1.6.1 电阻性负载

三相全控桥式整流电路带电阻性负载时的电路原理图如图 1-6-1 所示。

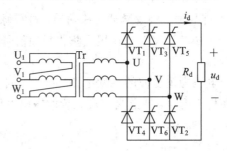

图 1-6-1 三相全控桥式整流电路带电阻性负载时的电路原理图

**1. 电路的工作原理及波形分析**

为了分析方便，把交流电源的一个周期由六个自然换流点划分为六段，共阴极组的自然换流点（电源三相相电压正半周的交点）用 $\omega t_1$、$\omega t_3$、$\omega t_5$ 来表示，共阳极组的自然换流点（电源三相相电压负半周的交点）用 $\omega t_2$、$\omega t_4$、$\omega t_6$ 来表示，这样，$\alpha$ 的起算点（即 $\alpha=0°$）即为这些自然换流点处。晶闸管的导通顺序为 $VT_1 \rightarrow VT_2 \rightarrow VT_3 \rightarrow VT_4 \rightarrow VT_5 \rightarrow VT_6$，并假设在 $\omega t=0$ 时电路已经工作在稳定状态，即 $\omega t=0$ 时 $VT_5$、$VT_6$ 同时导通，电流波形已经形成。

下面首先分析 $\alpha=0°$ 时电路的工作情况。

在 $\omega t_1 \sim \omega t_2$ 时间段，U 相电压为正最大值，在 $\omega t_1$ 时刻触发 $VT_1$，则 $VT_1$ 导通，$VT_5$ 因承受反压而关断，此时变成 $VT_1$ 和 $VT_6$ 同时导通，电流从 U 相流出，经 $VT_1$、负载、$VT_6$ 流回 V 相，若忽略管子的管压降，则负载两端的电压为 U、V 线电压 $u_{UV}$。

在 $\omega t_2 \sim \omega t_3$ 时间段，W 相电压变为最小的负值，U 相电压仍保持最大的正值，在 $\omega t_2$ 时刻触发 $VT_2$，则 $VT_2$ 导通，$VT_6$ 因承受反压而关断，此时变成 $VT_1$ 和 $VT_2$ 同时导通，电流从 U 相流出，经 $VT_1$、负载、$VT_2$ 流回 W 相，若忽略管子的管压降，负载上得 U、W 线电压 $u_{UW}$。

在 $\omega t_3 \sim \omega t_4$ 时间段，V 相电压变为最大正值，W 相保持最小负值，在 $\omega t_3$ 时刻触发 $VT_3$，则 $VT_3$ 导通，$VT_1$ 因承受反压而关断，此时变成 $VT_3$ 和 $VT_2$ 同时导通，电流从 V 相

流出经 $VT_3$、负载、$VT_2$ 流回 W 相，若忽略管子的管压降，负载上得 V、W 线电压 $u_{VW}$。

同理，在 $\omega t_4 \sim \omega t_5$ 时间段，$VT_3$ 和 $VT_4$ 导通，负载上得到 $u_{VU}$。在 $\omega t_5 \sim \omega t_6$ 期间，$VT_4$ 和 $VT_5$ 导通，负载上得到 $u_{WU}$。在 $\omega t_6 \sim \omega t_7$ 期间，$VT_5$ 和 $VT_6$ 导通，负载上得到 $u_{WV}$。到 $\omega t_7 \sim \omega t_8$ 起，重复 $\omega t_1 \sim \omega t_2$ 的工作过程。

通过以上分析可知，在一个周期内负载上得到的整流输出电压波形是三相交流电源线电压波形正半部分的包络线，脉动频率为 $6 \times 50 \text{ Hz} = 300 \text{ Hz}$（脉动数 $m = 6$），脉动较小。相关波形图如图 1-6-2 所示。

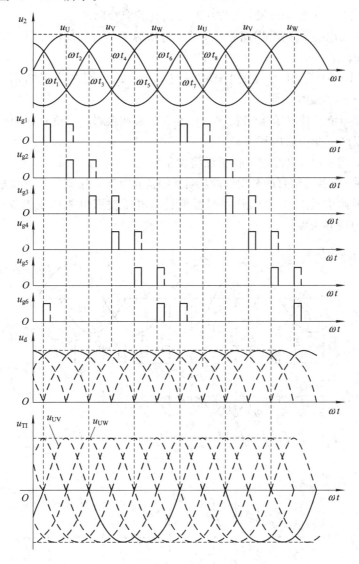

图 1-6-2　三相全控桥式整流电路带电阻性负载 $\alpha = 0°$ 时的波形图

综上所述，可以总结出三相全控桥式整流电路带电阻性负载的工作特点：

(1) 任何时刻都有不同组别的两个晶闸管同时导通，形成向负载供电的电流回路，其中一个晶闸管是共阴极组的，另一个是共阳极组的，且不能为同一相。

(2) 对触发脉冲的要求：6 个晶闸管的触发脉冲按 $u_{g1} \rightarrow u_{g2} \rightarrow u_{g3} \rightarrow u_{g4} \rightarrow u_{g5} \rightarrow u_{g6}$ 的顺序

（相位依次差 60°）分别触发晶闸管 $VT_1 \rightarrow VT_2 \rightarrow VT_3 \rightarrow VT_4 \rightarrow VT_5 \rightarrow VT_6$，为保证电路启动或电流断续后管子能正常导通，必须对不同组别应导通的一对晶闸管同时加触发脉冲，所以触发脉冲的宽度应大于 60°（一般取 80°～100°），或者用脉冲前沿间隔 60° 的双窄脉冲（一般脉宽为 20°～30°）代替一个大于 60° 的宽脉冲。双脉冲触发电路比较复杂，但要求的触发电路的输出功率小。宽脉冲触发要求触发功率大，易使脉冲变压器饱和，为了不使脉冲变压器饱和，需将铁芯体积做的较大，绕组匝数较多，导致漏感增大，脉冲前沿不够陡，对于晶闸管的串联使用不利。虽可用去磁绕组改善这种情况，但又使触发电路复杂化。因此，常用的触发形式是双窄脉冲触发，可以用脉冲列代替双窄脉冲。

（3）整流输出电压 $u_d$ 一个周期脉冲 6 次，每次脉冲的波动的波形都一样，故该电路为6 脉波整流电路。

（4）$\alpha = 0°$ 时晶闸管 $VT_1$ 承受的电压波形图 1-6-2 所示。晶闸管所承受的最大正反向电压的关系与三相半波时一样。

（5）与三相半波相控整流电路相比，变压器二次侧流过正、负对称的交变电流，避免了直流磁化，提高了变压器的利用率。

当控制角 $\alpha$ 增大时，电路的工作情况将发生变化。

当 $\alpha = 30°$ 时，将各晶闸管的触发脉冲从自然换流点处向右移 30°，因此组成输出电压 $u_d$ 的每一段线电压因此推迟 30°，晶闸管两端所承受的电压波形也相应发生变化。图 1-6-3 给出了 $\alpha = 30°$ 时的相关波形。

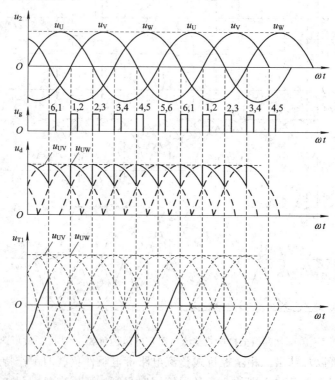

图 1-6-3　三相全控桥式整流电路带电阻负载 $\alpha = 30°$ 时的波形图

当 $\alpha = 60°$ 时，各管触发脉冲继续右移，整流电路的输出电压波形中每段线电压的波形也继续向后移，出现了为零的点，其平均值继续降低。图 1-6-4 给出了 $\alpha = 60°$ 时的波形。

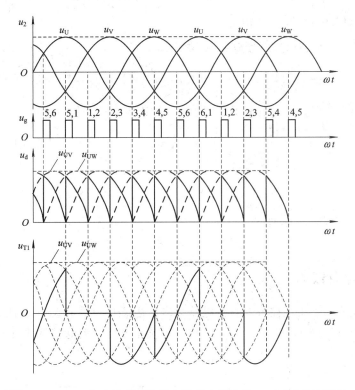

图 1-6-4　三相全控桥式整流电路带电阻负载 $\alpha=60°$ 时的波形图

继续增大控制角 $\alpha$，各管触发脉冲继续右移，整流电路的输出电压波形中每段线电压的波形也继续向后移，出现了为零的时间段，其平均值继续降低。图 1-6-5 给出了 $\alpha=90°$ 时的波形。如果继续增大控制角 $\alpha$ 至 $120°$，整流电路的输出电压波形将全为零，所以三相全控桥式整流电路带电阻性负载时 $\alpha$ 的移相范围为 $0°\sim120°$。

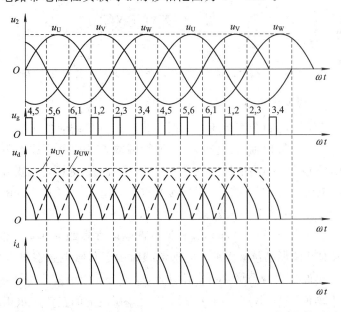

图 1-6-5　三相全控桥式整流电路带电阻负载 $\alpha=90°$ 时的波形图

**2. 电路的相关电量计算**

当 $0° \leqslant \alpha \leqslant 60°$ 时，$u_d$ 波形均连续，$i_d$ 波形的形状也连续。整流输出电压的平均值 $U_d$ 为

$$U_d = \frac{6}{2\pi} \int_{\frac{\pi}{3}+\alpha}^{\frac{2\pi}{3}+\alpha} \sqrt{6} U_2 \sin\omega t \, \mathrm{d}(\omega t) = \frac{3\sqrt{6}}{\pi} U_2 \cos\alpha = 2.34 U_2 \cos\alpha \qquad (1-79)$$

当 $60° < \alpha \leqslant 120°$ 时，负载电流不连续，整流输出电压的平均值为

$$U_d = \frac{6}{2\pi} \int_{\frac{\pi}{3}+\alpha}^{\pi} \sqrt{6} U_2 \sin\omega t \, \mathrm{d}(\omega t) = \frac{3\sqrt{6}}{\pi} U_2 [1 + \cos(\alpha + 60°)] = 2.34 U_2 [1 + \cos(\alpha + 60°)]$$

$$(1-80)$$

当 $\alpha = 120°$ 时，$U_d = 0$。

晶闸管承受的最大正反向峰值电压为

$$U_{TM} = \sqrt{6} U_2 \qquad (1-81)$$

## 1.6.2 大电感负载

在实际应用中，三相全控桥式整流电路大多向阻感性负载和反电动势负载供电，下面分析带大电感负载时的工作情况。三相全控桥式整流电路带大电感负载时的电路原理图如图 1-6-6 所示。

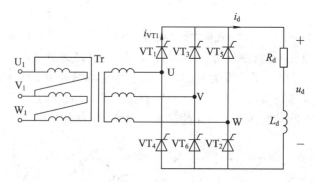

图 1-6-6 三相全控桥式整流电路带大电感负载时的电路原理图

**1. 电路的工作原理及波形分析**

当 $\alpha \leqslant 60°$ 时，带大电感负载时的工作情况与带电阻性负载时的工作情况相似，各晶闸管的通断情况、整流电路输出电压的波形、晶闸管两端承受的电压波形等都一样。区别在于电感的存在，同样的整流输出电压加在负载上，得到的负载电流 $i_d$ 波形不同，由于电感的作用，使得负载电流波形不能突变，而是缓慢变化，电感足够大时，电流波形可近似为一条水平直线。$\alpha = 0°$ 和 $\alpha = 30°$ 时的波形分别为图 1-6-7 和图 1-6-8。

当 $\alpha \geqslant 60°$ 时，带大电感负载时的工作情况与带电阻性负载时不同。带电阻性负载时，$u_d$ 波形不会出现负值，波形断续；而带大电感负载时由于负载电感在电流发生变化时要产生感应电动势，使 $u_d$ 波形出现负的部分，并且连续，$\alpha$ 越大，$u_d$ 波形中负的部分面积越大，整流输出电压的平均值 $U_d$ 越小。当 $\alpha = 90°$ 时，输出电压波形的正负面积相等，平均值 $U_d$ 为零，图 1-6-9 为带大电感负载时 $\alpha = 90°$ 的波形。

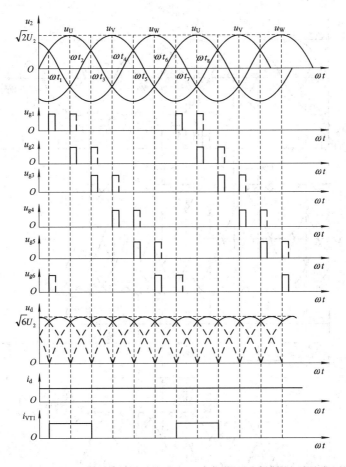

图 1-6-7　三相全控桥式整流电路带大电感负载 $\alpha=0°$ 时的电流、电压波形

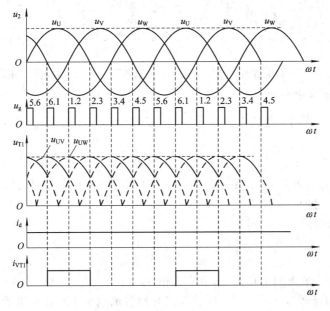

图 1-6-8　三相全控桥式整流电路带大电感负载 $\alpha=30°$ 时的电流、电压波形

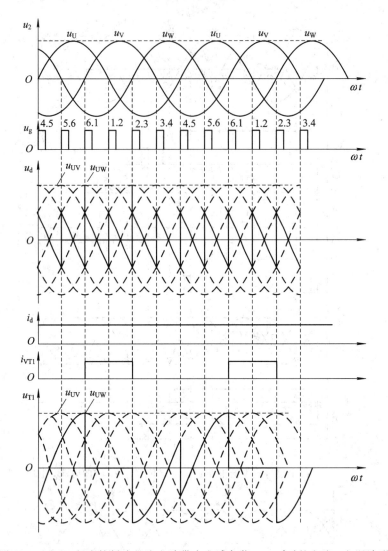

图 1-6-9　三相全控桥式整流电路带大电感负载 $\alpha=90°$ 时的电流、电压波形

**2. 电路的相关电量计算**

（1）当 $0°\leqslant\alpha\leqslant90°$ 时，负载电流波形连续，负载两端电压的平均值 $U_d$

$$U_d = \frac{6}{2\pi}\int_{\frac{\pi}{3}+\alpha}^{\frac{2\pi}{3}+\alpha}\sqrt{6}U_2\,\sin\omega t\,\mathrm{d}(\omega t) = \frac{3\sqrt{6}}{\pi}U_2\cos\alpha = 2.34U_2\cos\alpha \qquad (1-82)$$

当 $\alpha=0°$ 时，$U_d$ 为最大值 $2.34U_2$；当 $\alpha=90°$ 时，$U_d$ 为最小值零。因此，三相全控桥式整流电路带大电感负载时 $\alpha$ 的移相范围为 $0°\sim90°$。

（2）整流输出电流的平均值 $I_d$

$$I_d = \frac{U_d}{R_d} = 2.34\frac{U_2}{R_d}\cos\alpha \qquad (1-83)$$

（3）流过晶闸管电流的平均值 $I_{dT}$ 和有效值 $I_T$

每个晶闸管的导通角 $\theta_T=120°$，因此流过晶闸管的电流平均值和有效值分别为

$$I_{dT} = \frac{\theta_T}{2\pi}I_d = \frac{120°}{360°}I_d = \frac{1}{3}I_d \qquad (1-84)$$

$$I_{\mathrm{T}} = \sqrt{\frac{\theta_{\mathrm{T}}}{2\pi}} I_{\mathrm{d}} = \sqrt{\frac{120°}{360°}} I_{\mathrm{d}} = \sqrt{\frac{1}{3}} I_{\mathrm{d}} = 0.577 I_{\mathrm{d}} \tag{1-85}$$

（4）变压器二次侧的有效值 $I_2$

整流变压器二次侧正、负半周内均有电流流过，每半周期内导通角为120°，故流进变压器二次侧的有效值为

$$I_2 = \sqrt{\frac{1}{2\pi}\int_0^{\frac{2\pi}{3}} I_{\mathrm{d}}^2\, \mathrm{d}(\omega t) + \frac{1}{2\pi}\int_{\pi}^{\frac{5\pi}{3}} (-I_{\mathrm{d}})^2\, \mathrm{d}(\omega t)} = \sqrt{\frac{2}{3}} I_{\mathrm{d}} = 0.866 I_{\mathrm{d}} \tag{1-86}$$

（5）晶闸管承受的最大电压 $U_{\mathrm{TM}}$

$$U_{\mathrm{TM}} = \sqrt{6} U_2 \tag{1-87}$$

# 任务七 整流电路的有源逆变工作状态

## 学习目标

◆ 了解晶闸管的结构、工作原理及伏安特性。

◆ 掌握晶闸管的导通和关断条件。

◆ 会使用示波器对三相半波整流电路进行调试。

◆ 理解晶闸管构成的可控整流电路工作在有源逆变状态时的工作原理。

◆ 掌握有源逆变的条件。

◆ 会对变流器工作在有源逆变状态时进行相关的电量计算。

◆ 了解最小逆变角。

## 技能目标

◆ 具备使用万用表来测试晶闸管的能力。

◆ 掌握确定三相交流电源相序的方法。

◆ 具备电路的接线与调试能力。

◆ 具备发现问题、解决问题的能力。

前面分析的整流电路都是把交流电转变成直流电，我们称这一电能的交换过程为整流。但是在生产实践中，往往还需要有一种电能相反的交换过程，即把直流电转变成交流电的过程，称为逆变。实现逆变过程的电路称为逆变电路或逆变器。逆变电路分为无源逆变电路和有源逆变电路两种：无源逆变电路能将直流电能变为交流电能输出至负载；还有一种逆变电路，它把直流电能变为交流电能输出给交流电网，称为有源逆变，完成有源逆变的装置称为有源逆变器。

有源逆变电路常用于直流可逆调速系统、绕线式转子交流异步电动机串级调速、高压直流输电以及灵活交流输电等领域；无源逆变电路常用于交流变频调速等方面。一套相控整流电路，既可工作在整流状态，在不改变电路形式的前提下，满足一定条件又可工作在有源逆变状态。本节讨论整流电路的有源逆变工作状态。

### 1.7.1  有源逆变的工作原理

图 1-7-1 是直流发电机-电动机系统，G 是直流发电机，M 是直流电动机，电机励磁回路均未画出，$R_2$ 是整个系统的等效电阻，现在来分析直流发电机-电动机系统的转换关系。

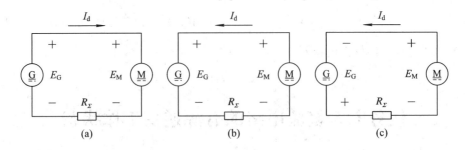

图 1-7-1  直流发电机-电动机之间电能的流转

当控制发电机电动势的大小和极性时，G 和 M 之间的能量转换关系将发生变化。

图 1-7-1(a) 中 M 作电动机运转，电动势 $E_G > E_M$，电流 $I_d$，从 G 流向 M，M 吸收电能，电能由发电机流向电动机，转变为电动机轴上输出的机械能。

图 1-7-1(b) 中电动机 M 运行在发电制动状态，此时电动势 $E_M > E_G$，电流反向，从 M 流向 G，故电动机 M 输出电能，发电机 G 则吸收电能，M 轴上输入的机械能转变为电能反送给发电机 G，系统工作在回馈制动状态。

图 1-7-1(c) 中，改变电动机励磁电流的方向，使 $E_M$ 的方向与 $E_G$ 一致，两电动势顺向串联，向电阻 $R_\Sigma$ 供电，G 和 M 均输出电能，由于 $R$ 的阻值一般都很小，实际上形成短路，产生很大的短路电流，这是不允许的。

从以上分析可以看出有两点需要注意：

① 两个电动势源同极性相接时，电流总是从高电动势源流向低电动势源，电流数值取决于两个电动势之差和回路总电阻；当两电动势反极性相接，回路电阻很小时，即形成电源短路，在工作中严防这类事故发生。

② 电流从电源正极流出，则该电源输出功率，电流从电源正极流入，则该电源吸收功率。由于电功率为电流与电动势的乘积，随着电动势或电流方向的改变，电功率的流向也改变。

将整流电路代替上述发电机，能方便地研究整流电路的有源逆变工作原理。

**1. 单相全波整流电路工作在整流状态**

如图 1-7-2 所示的单相全波整流电路带动直流卷扬系统，当移相控制角 $\alpha$ 在 $0 \sim \dfrac{\pi}{2}$ 范围内变化时，其直流侧输出电压 $U_d = 0.9 U_2 \cos\alpha > 0$，在该电压作用下，直流电动机 M 转动，卷扬机将重物提起，直流电动机转动产生的反电动势为 $E$，且 $E$ 小于输出直流平均电压 $U_d$，此时 M 作电动机运转，整流器输出功率，电动机吸收功率，直流值为

$$I_d = \frac{U_d - E}{R_a} \tag{1-88}$$

式中，$R_a$ 为电动机绕组电阻，其值很小，两端电压也很小。

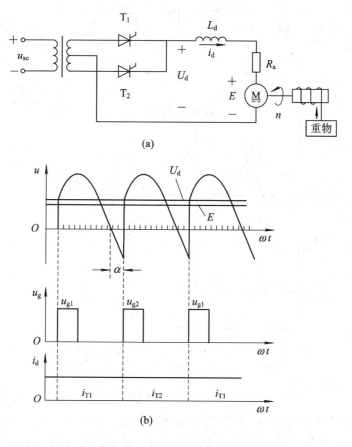

图 1-7-2　单相全波整流电路的整流工作状态

　　如果在电动机运转过程中使控制角 $\alpha$ 减小，则 $U_d$ 增大，$I_d$ 瞬时值也随之增大，电动机电磁转矩增大，电动机转速提高。随着转速升高，$E$ 增大，$I_d$ 随之减小，最后恢复到原来的数值，此时电动机稳定运行在较高转速状态。反之，如果使 $\alpha$ 角增大，电动机转速减小。所以，改变晶闸管的控制角 $\alpha$，可以很方便地对电动机进行无级调速。

　　当卷扬机将重物提升到规定的高度时，自然就需要在这个位置停住，这时只需要将控制角 $\alpha$ 调到等于 $\pi/2$，整流器输出电压波形中，其正、负面积相等，电压平均值 $U_d$ 为零，电动机停转（实际上采用电磁抱闸断电制动），反电动势 $E$ 也同时为零。

### 2. 单相全波整流电路工作在逆变状态

　　上述卷扬系统中，当重物放下时，由于重力对重物的作用，必须牵动电动机使之向与重物上升相反的方向转动，电动机产生的反电动势 $E$ 的极性也随之反相，上负下正，如图 1-7-3 所示。为了防止两电动势顺向串联形成短路，则要求 $U_d$ 的极性也必须反过来，即上负下正，因此，整流电路的控制角 $\alpha$ 必须在 $\dfrac{\pi}{2} \sim \pi$ 范围内变化。此时，电流 $I_d$ 为 $\dfrac{|E| - |U_d|}{R_a}$。

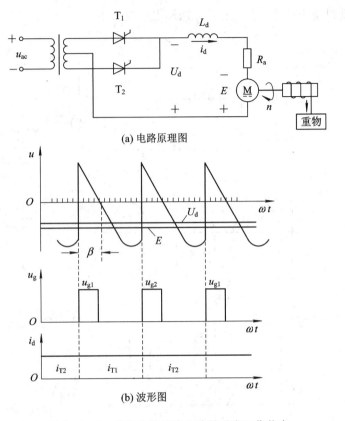

(a) 电路原理图

(b) 波形图

图 1-7-3 单相全波整流电路的逆变工作状态

由于晶闸管的单向导电性，$I_d$ 方向仍然保持不变。如果 $|E| < |U_d|$，则 $I_d = 0$，如果 $|E| > |U_d|$，则 $I_d$ 不等于 0。电动势的极性改变了，而电流的方向未变，因此，功率的传递关系便发生了改变，电动势处于发电机状态，发出直流功率，整流电路将直流功率逆变为 50 Hz 的交流电反送到电网，这就是有源逆变的工作状态。

逆变时，电路 $I_d$ 的大小取决于 $E$ 与 $U_d$，而 $E$ 由电动机的转速决定，$U_d$ 可以调节控制角 $\alpha$ 改变其大小。为了防止过流，同样应满足 $E \approx U_d$ 的条件。

在逆变工作状态下，虽然控制角 $\alpha$ 在 $\pi/2 \sim \pi$ 间变化，晶闸管的阳极电位大部分处于交流电压的负半周期，但由于有外接直流电动势 $E$ 的存在，使晶闸管仍然能承受正向电压导通。

由此可以看出，在特定的场合，同一套晶闸管电路，既可以工作在整流状态，也可工作在逆变状态，这种电路又称变流器。

从上面的分析中可以归纳出有源逆变的条件有两个，即：

① 一定要有一个直流电动势源，其极性必须与晶闸管的导通方向一致，其值应稍大于变流器直流侧的平均电压。这种直流电动势源可以是直流电动机的电枢电动势，也可以是蓄电池电动势，它是使电能从变流器的直流侧回馈到交流电网的源泉。

② 要求变流器中晶闸管的控制角必须工作在 $\alpha > \pi/2$ 的区域内，这样才能使变流器直流侧输出一个负的平均电压，以实现直流电源的能量向交流电网的转换。

上述两个条件必须同时具备才能实现有源逆变。

必须指出对于半控桥式整流电路或者带有续流二极管的相控整流电路，因为它们在任何情况下均不可能输出负电压，也不允许直流侧出现反极性的直流电动势，所以不能实现有源逆变。

## 1.7.2　三相半波有源逆变电路

图1-7-4(a)所示为三相半波整流器带电动机负载时的电路，并假设负载电流连续。当 $\alpha$ 在 $\pi/2 \sim \pi$ 范围内变化时，变流器输出电压的瞬时值在整个周期内虽然有正有负或者全部为负，但负的面积总大于正的面积，故输出电压的平均值 $U_d$ 为负值。电动机中 $E$ 的极性具备有源逆变的条件，当 $\alpha$ 在 $\pi/2 \sim \pi$ 范围内变化且 $E > U_d$ 时，可以实现有源逆变。

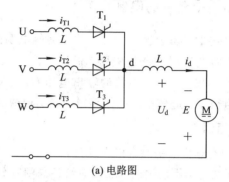

(a) 电路图

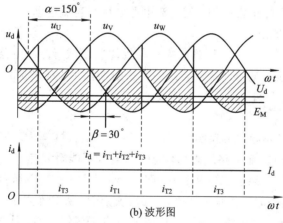

(b) 波形图

图1-7-4　三相半波有源逆变电路及其波形

图1-7-4(b)给出了 $\alpha = 150°$ 时逆变电路的输出电压和电流波形。$I_d$ 从 $E$ 的正极流出，从 $U_d$ 的正端流入，故反送电能。

变流器逆变时，直流侧电压计算公式与整流时一样。当电流连续时，有

$$U_d = 1.17 U_2 \cos\alpha \tag{1-89}$$

式中，$U_2$ 为相电压的有效值。

由于逆变时 $\alpha > 90°$，故 $\alpha$ 计算不太方便，于是引入逆变角 $\beta$，令 $\alpha = \pi - \beta$，则上式改写成

$$U_d = -1.17 U_2 \cos\beta \tag{1-90}$$

逆变角为 $\beta$ 的触发脉冲位置从 $\alpha = \pi$ 的时刻左移 $\beta$ 角来确定。

### 1.7.3 三相全控桥式有源逆变电路

三相全控桥式整流电路也可以工作在有源逆变状态，除了要求移向角 $\alpha > \pi/2$ 外，其他工作状态与三相桥式整流电路一样，即每隔 60° 依次触发晶闸管，当电流连续时，每个管子导通 120°，触发脉冲必须是双窄脉冲或者是宽脉冲。直流侧电压计算公式为

$$U_d = -2.34 U_2 \cos\beta \qquad (1-91)$$

或

$$U_d = -1.35 U_{2L} \cos\beta \qquad (1-92)$$

式中，$U_2$ 为逆变电路输出相电压，$U_{2L}$ 为逆变电路输入线电压。

### 1.7.4 有源逆变最小逆变角 $\beta$ 的限制

变流器工作在整流状态时，若因触发脉冲丢失、突然电源缺相或者断相，其后果只影响电路的输出电压数值，对变流器无严重威胁，但当变流器工作在有源逆变工作状态时，一旦由于上述原因导致换相失败，将使电路的输出电压 $U_d$ 进入正半周，与直流电动势 $E_M$ 顺向串联，由于回路电阻很小，造成很大的短路电流，这种情况叫逆变失败或逆变颠覆。

**1. 逆变失败的主要原因**

造成逆变失败的原因有很多，主要有以下几种情况：

(1) 触发电路工作不可靠，不能适时、准确地给各晶闸管分配脉冲，如脉冲丢失、脉冲延迟等，致使晶闸管不能正常换相，使交流电源电压与直流电动势顺向串联，形成短路。

(2) 晶闸管本身的原因。

无论是整流还是逆变，晶闸管都在按一定规律关断或导通，电路处于正常工作状态。若晶闸管发生故障，在应该阻断期间，元件失去阻断能力，或者应该导通期间，元件不能导通，造成逆变失败。另外，晶闸管连接线的松脱、保护器件的动作等原因也能引起逆变失败。

(3) 换相的裕量角不足，引起换相失败。

由于变压器漏抗对逆变电路的影响，使电路换流不能瞬间完成，从而产生换流重叠角 $\gamma$，如图 1-7-5 所示。如果逆变角 $\beta$ 太小，即 $\beta < \gamma$，从图 1-7-5 所示的波形中可清楚地看到，换流还未结束，电路的工作状态到达 $u_U$ 与 $u_V$ 交点 P，从 P 点之后，$u_U$ 将高于 $u_V$，晶闸管 $T_2$ 承受反压而重新关断，而应该关断的 $T_1$ 却承受正压而继续导通，从而造成逆变失败。

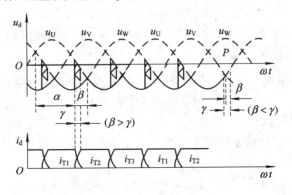

图 1-7-5 交流侧电抗对逆变换相过程的影响

（4）交流电源发生异常现象。

在逆变运行时，可能出现交流电源突然断电、缺相或电压过低等现象，由于直流电动势的存在，晶闸管仍可触发导通，此时逆变器的交流侧由于失去同直流电动势极性相反的交流电压，形成晶闸管电路被短接。

由此可见，为了保证逆变电路的正常工作，必须选用可靠的触发器，正确选择晶闸管的参数，并且采取必要的措施，减小电路中 $\mathrm{d}u/\mathrm{d}t$ 和 $\mathrm{d}i/\mathrm{d}t$ 的影响，以免发生误导通。为了防止意外事故，与整流电路一样，电路中一般应装有快速熔断器或快速开关，以提供保护；为了防止逆变失败，逆变角 $\beta$ 不仅不能等于零，而且也不能太小，必须限制在某一允许的最小角度内。

**2. 最小逆变角 $\beta_{\min}$ 的确定方法**

最小逆变角 $\beta_{\min}$ 的选取要考虑以下因素：

（1）换相重叠角 $\gamma$。此值随电路形式、工作电流大小的不同而不同，一般选取 $15°\sim25°$ 电度角。

（2）晶闸管关断时间 $t_q$ 所对应的电度角 $\delta$。一般 $t_q$ 可达 $200\sim300~\mu\mathrm{s}$，折算电度角 $\delta$ 为 $4°\sim5°$。

（3）安全裕量角 $\theta$。考虑到脉冲调整时不对称、电网波动、畸变与温度等因素的影响，还必须留一个安全裕量角，一般选取 $\theta$ 为 $10°$ 左右。

综上所述，最小逆变角 $\beta_{\min}$ 为

$$\beta_{\min} \geqslant \gamma + \delta + \theta \approx 30° \sim 35° \qquad (1-93)$$

为了防止 $\beta$ 进入 $\beta_{\min}$ 区内，在要求较高的场合，可在触发电路中附加一套保护环节，使 $\beta$ 在减小时，保证控制脉冲不进入 $\beta_{\min}$ 区域内，或者在 $\beta_{\min}$ 处设置产生附加安全脉冲的装置，此脉冲不移动，当工作脉冲移入 $\beta_{\min}$ 区内时，安全脉冲保证在 $\beta_{\min}$ 处触发晶闸管，防止逆变失败。

# 任务八　触发脉冲与主电路电压的同步

## 学习目标

◆ 理解"同步"的概念。

◆ 学会根据变压器的钟点数画出连接组别。

◆ 学会根据变压器的连接组别判断变压器的钟点数。

◆ 掌握实现同步的步骤及方法。

## 技能目标

◆ 具备使用万用表来测试晶闸管的能力。

◆ 具备电路的接线与调试能力。

◆ 具备发现问题、解决问题的能力。

### 1.8.1 "同步"的概念

在晶闸管装置中，送到主电路各晶闸管的触发脉冲与其阳极电压之间能否保持正确的相位关系是一个非常重要的问题，因为它直接关系到装置能否正常工作。

很明显，触发脉冲只有在晶闸管阳极电压为正的区间内出现，晶闸管才能被触发导通。锯齿波同步触发电路产生触发脉冲的时刻，由接到触发电路的同步电压 $u$ 定位，由控制电压 $U_c$ 和偏移电压 $U_b$ 的大小来移相。这就是说，必须根据被触发晶闸管的阳极电压相位，正确供给触发电路特定相位的同步电压 $u$，以使触发电路在晶闸管需要触发脉冲的时刻输出脉冲。这种正确选择同步电压相位以及得到不同相位的同步电压的方法，称为晶闸管装置的同步或定相。

### 1.8.2 实现"同步"的步骤及方法

每个触发电路的同步电压 $u$ 与被触发晶闸管的阳极电压应该有什么样的相位关系呢？这取决于主电路、触发电路形式、负载性质、移相范围要求等几个方面。

例如，主电路为图 1-8-1 所示的三相半波相控整流电路，触发电路采用 NPN 管构成的锯齿波同步触发电路，且移相范围要求 180°。因为锯齿波底宽为 240°，考虑到两端的非线性，故取 30°～210°作为 0°～180°的移相区间。以 U 相晶闸管 $T_1$ 为例，$\alpha=0°$时，触发电路产生的触发脉冲应对准相电压自然换流点，即对准相电压 $u_U$ 为 30°时刻。这说明，锯齿波的起点正好是相电压 $u_U$ 的上升过零点，即控制锯齿波电路的同步电压 $u_{TU}$ 应与晶闸管阳极电压 $u_U$ 相位上相差 180°。同理，$u_{TV}$ 与 $u_V$、$u_{TW}$ 与 $u_W$ 亦应相位相差 180°。

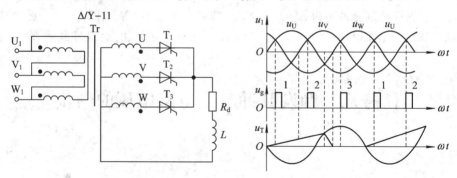

图 1-8-1　三相半波相控整流电路主电压与触发同步电压的相位关系

在由晶闸管组成的三相变流器中，晶闸管装置通过同步变压器的不同连接方式再配合阻容移相，得到特定相位的同步电压。三相同步变压器有 24 种接法，可得到 12 种不同相位的二次电压，通常形象地用钟点数来表示，如图 1-8-2 所示。由于同步变压器二次电压要分别接至各触发电路，需要有公共接地端，所以同步变压器二次绕组采用星形连接，即同步变压器只能有 Y/Y、△/Y 两种形式的接法。实现同步，就是确定同步变压器的接法，具体步骤是：

① 根据主电路、触发电路形式与移相范围来确定同步电压 $u$ 与对应的晶闸管阳极电压之间的相位关系。

② 根据整流变压器 Tr 的实际连接或钟点数，以电网某线电压作参考相量，画出整流

变压器二次电压，也就是晶闸管阳极电压的相量。

③ 根据步骤①所确定的同步电压与晶闸管阳极电压的相位关系，画出同步相电压与同步线电压相量。

④ 根据同步变压器二次线电压相量位置，确定同步变压器的钟点数和连接法。

很明显，按照上述步骤实现同步时，为了简化步骤，只要先确定一只晶闸管触发电路的同步电压，然后对比其他晶闸管阳极电压的相位顺序，依序安排其余触发电路的同步电压即可。

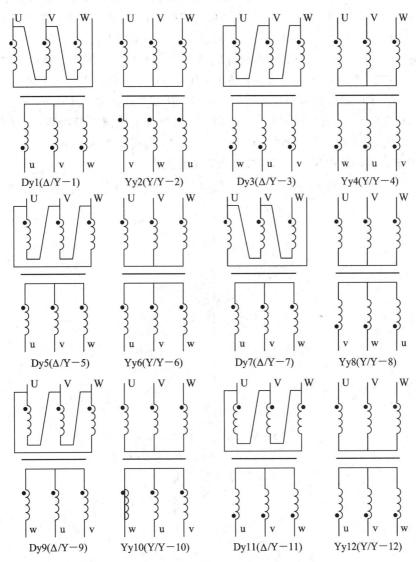

图 1-8-2　三相同步变压器的接法与钟点数

**例题 1-3**　三相全控桥式整流电路，整流变压器 Tr 为 △/Y-5 接法。采用 NPN 管构成的锯齿波同步触发电路。电路要求工作在整流与逆变状态。同步变压器 $Tr_1$ 二次电压 $u_T$ 经阻容滤波后变为 $u_T'$ 送至触发电路，$u_T'$ 滞后 $u_T$ 的电角度为 30°。试确定同步变压器 $Tr_1$ 的接线方式。

**解** （1）要求电路工作在整流与逆变状态，表明移相范围为 0°～180°。因为锯齿波底宽接近 240°，故取 30°～210°作为 0°～180°的移相区间，这样锯齿波的 30°处应对应阳极电压 30°处。即控制锯齿波电压的同步电压 $u_T'$ 应与阳极电压反相。对于晶闸管 $T_1$，其触发电路的同步电压 $u_{TU}'$ 应滞后阳极电压 $u_U$ 180°。因为加接了阻容滤波器，故同步变压器二次电压 $u_T$ 应滞后阳极电压 $u_U$ 150°。

（2）因为整流变压器 Tr 为 $\triangle/Y-5$ 接法，若以电网线电压 $U_{U1V1}$ 作参考相量（指向 12点），则可作出图 1-8-3 所示的 Tr 电压相量图。根据（1）可在 Tr 电压相量图上作出 $U_{TU}$ 相量。它滞后 $U_U$ 150°，而与 $U_{UV}$ 反相。因为同步变压器 $Tr_1$ 的二次侧只能是星形连接，故 $Tr_1$ 二次线电压 $U_{TUV}$ 超前 $U_{TU}$ 30°，即 $U_{TUV}$ 超前 $U_{U1V1}$ 60°，将 $U_{TUV}$ 画在图 1-8-3 中。

（3）由图 1-8-3 所示相量图可得出同步变压器 $Tr_1$ 对共阴极组连接的晶闸管来说应为 $Y/Y-10$ 接法。而对共阳极组来说，同步电压应反相，故应为 $Y/Y-4$ 接法。

由图 1-8-3 所示的相量图还可看出，同步变压器二次相电压 $U_{TU}$ 与一次相电压 $U_{U1}$ 反相，二次相电压 $U_{-TU}$ 与一次相电压 $U_{V1}$ 同相。据此可画出同步变压器 $Tr_1$ 的接线方式，如图 1-8-4 所示。$U_{TU}$、$U_{TV}$、$U_{TW}$、$U_{-TU}$、$U_{-TV}$、$U_{-TW}$ 分别作为晶闸管 $T_1$、$T_3$、$T_5$、$T_4$、$T_6$、$T_2$ 触发电路的同步电压，晶闸管装置将能正常工作。

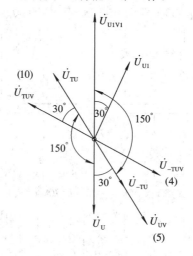

图 1-8-3 整流、同步电压相量图

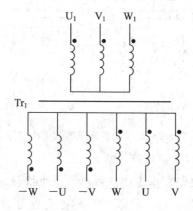

图 1-8-4 同步变压器接线图

# 习　题

## 一、简答题

1. 晶闸管的导通条件是什么？晶闸管处于导通状态时流过管子的电流和负载上的电压由什么来决定？

2. 晶闸管的关断条件是什么，如何实现？晶闸管处于阻断状态时其两端的电压大小由什么决定？

3. 如何用万用表来判别晶闸管元件的好坏及晶闸管的三个电极？

4. 晶闸管的非正常导通方式有哪几种？

5. 某晶闸管的型号规格为 KP200 - 8D，此规格型号代表什么意义？

6. 常见晶闸管过电流、过电压保护措施有哪些？

7. 什么是整流，它与逆变有何区别？

8. 什么是有源逆变，有源逆变的条件是什么，有源逆变有何作用？

9. 无源逆变电路和有源逆变电路有何区别？

10. 什么是逆变颠覆，有源逆变最小逆变角受哪些因素限制，为什么？

11. 什么是同步，如何实现主电路与触发电路之间的同步？

## 二、计算题

1. 在图计算题 1 所示电路中，试画出负载 $R_d$ 两端的电压波形（忽略管子的管压降）。

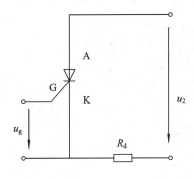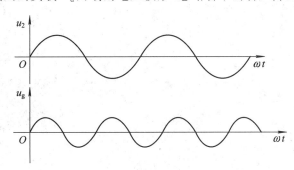

图计算题 1

2. 单相半波相控整流电路中，试分析下述三种情况下负载两端电压 $u_d$ 和晶闸管两端电压 $u_T$ 的波形：

（1）晶闸管门极不加触发脉冲。

（2）晶闸管内部短路。

（3）晶闸管内部断开。

3. 某单相全控桥式整流电路给电阻性负载和大电感负载供电，在流过负载电流平均值相同的情况下，哪一种负载的晶闸管额定电流应选择大一些？

4. 某电阻性负载的单相半控桥式整流电路，试画出 $\alpha=30°$ 时整流二极管、晶闸管两端和负载电阻两端的电压波形。

5. 某电阻性负载要求 0～24 V 直流电压，最大负载电流 $I_d=30$ A，采用 220 V 交流直接供电或由变压器降压到 60 V 供电的单相半波相控整流电路，那么这两种方案是否都能满足要求？试比较两种供电方案的晶闸管的导通角、额定电压、额定电流、电路的功率因数及对电源容量的要求。

6. 某带电阻性负载三相半波相控整流电路，如果触发脉冲左移到自然换流点之前 15°处，分析电路工作情况，画出触发脉冲宽度分别为 10°和 20°时负载两端的电压 $u_d$ 波形。

7. 在三相半波相控整流电路中，如果有一触发脉冲丢失，试画出电路在电阻性负载时的整流输出电压波形。

8. 三相半波相控整流电路带大电感负载，$R_d = 10\ \Omega$，相电压有效值 $U_2 = 220$ V。求 $\alpha = 45°$ 时负载直流电压 $U_d$、流过晶闸管电流 $I_{dT}$ 和有效值 $I_T$，画出 $u_d$、$i_{T2}$、$u_{T3}$ 的波形。

9. 三相全控桥式整流电路带大电感负载，负载电阻 $R_d = 4\ \Omega$，要求 $U_d$ 在 0～220 V 之间变化。试求：

（1）不考虑控制角裕量时，整流变压器二次线电压。

（2）试选择晶闸管型号（电压、电流取两倍安全裕量）。

# 项目二 变频电路

## 学习目标

▲ 掌握变频电路中常用电力电子器件的基本工作原理。

▲ 了解变频电路的概念和分类。

▲ 能够独立完成典型变频电路工作过程的分析。

▲ 掌握 PWM 控制技术的原理及典型电路的工作过程。

## 技能目标

▲ 独立完成大功率晶体管和绝缘栅双极型晶体管的性能测试。

▲ 在实验装置中能够正确完成典型变频电路的接线。

▲ 对变频电路的输出波形进行观察和测量,记录实验数据并进行分析。

# 任务一 大功率晶体管(GTR)

## 学习目标

◆ 掌握大功率晶体管的结构、符号及工作原理。

◆ 了解大功率晶体管的优缺点及应用。

## 技能目标

◆ 认识 GTR 的外形和引脚。

◆ 对 GTR 的导通和截止条件进行验证。

大功率晶体管又称电力晶体管(Giant Transistor,GTR),它是一种耐高压、大电流的双极型晶体管,其耗散功率(或输出功率)通常在 1 W 以上。GTR 的电气图形符号与普通晶体管相同,也是一种全控型电力电子器件,它具有控制方便、开关时间短、高频特性好、价格低廉等优点。20 世纪 80 年代以来,GTR 经历了单个电力晶体管、达林顿电力晶体管和 GTR 模块等发展阶段。

**1. 单个电力晶体管**

NPN 三重扩散台面型结构是单个电力晶体管的典型结构，这种结构可靠性高，能改善器件的二次击穿特性，易于提高耐压能力，并易于散出内部热量。目前单个 GTR 的容量已达 400A/1200V、1000A/400V，工作频率可达 5 kHz。

**2. 达林顿电力晶体管**

达林顿结构的电力晶体管由 2 个或多个晶体管复合而成，可以是 PNP 型也可以是 NPN 型，其性质取决于驱动管，它与普通复合三极管相似。达林顿结构的电力晶体管电流放大倍数很大，可以达到几十至几千倍。虽然达林顿结构大大提高了电流放大倍数，但其饱和管压降却增加了，增大了导通损耗，同时降低了管子的工作速度。

**3. GTR 模块**

目前作为大功率的开关应用的还是电力晶体管模块，它是将电力晶体管管芯及为了改善性能的一个元件组装成一个单元，然后根据不同的用途将几个单元电路构成模块，集成在同一硅片上。这样大大提高了器件的集成度、工作的可靠性和性能价格比，同时也实现了小型轻量化。目前生产的电力晶体管模块可将多达 6 个相互绝缘的单元电路制在同一个模块内，便于组成三相桥电路。目前模块容量可达 1000 A/1800 V，频率为 35 kHz，因此它常用在中、小功率的中频电源、不间断电源和交流电动机调速等电力变流装置中。

## 2.1.1 GTR 的结构与工作原理

与普通的双极型晶体管的基本原理一样，电力晶体管是由三层半导体（两个 PN 结）组成的。NPN 三层扩散台面型结构是单管 GTR 的典型结构，如图 2-1-1(a)所示（GTR 有 NPN 和 PNP 两种，这里只讨论 NPN 型）。图中掺杂浓度高的 $N^+$ 区称为 GTR 的发射区，E 为发射极。基区是一个厚度在几微米至几十微米之间的 P 型半导体薄层，B 为基极。集电区是 N 型半导体，C 为集电极。为了提高 GTR 的耐压能力，在集电区中设置低掺杂的 $N^-$ 区。在两种不同类型的半导体交界处 $N^+P$ 构成发射结 $J_1$，PN 构成集电结 $J_2$。图 2-1-1(b)是 GTR 的电气符号。

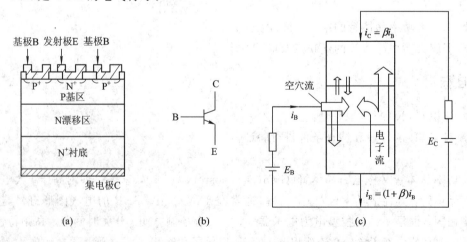

图 2-1-1 GTR 的结构、电气符号和内部载流子的运动

GTR 一般采用共发射极接法。图 2-1-1(c)是管子内部载流子运动示意图。外加偏置电压 $U_{BB}$、$U_{CC}$ 使发射结 $J_1$ 正偏,集电结 $J_2$ 反偏,基极电流 $I_B$ 就可以实现对集电极电流 $I_C$ 的控制。

(1) 当 $U_{BE} < 0.7\ \mathrm{V}$ 时或为负电压时,GTR 处于关断状态,$I_C$ 为零。

(2) 当 $U_{BE} \geqslant 0.7\ \mathrm{V}$ 时,GTR 处于开通状态,$I_C$ 为最大值。

定义集电极电流 $I_C$ 与基极电流 $I_B$ 之比为 GTR 的电流放大系数 $\beta$,$\beta$ 反映了基极电流对集电极电流的控制能力。单管 GTR 的放大系数 $\beta$ 比小功率晶体管小得多,通常小于 10。采用达林顿接法可有效增大电流增益。$\beta$ 的计算式为

$$\beta = \frac{I_C}{I_B} \tag{2-1}$$

当考虑到集电极和发射极间的漏电流 $I_{CEO}$ 时,$I_C$ 和 $I_B$ 的关系为

$$I_C = \beta I_B + I_{CEO} \tag{2-2}$$

在电力电子技术中,GTR 主要工作在开关状态,一般希望它在电路中的状态接近于理想开关,即导通时的管压降趋于零,截止时的电流趋于零,而且两种状态间的转换要足够快。

## 2.1.2 GTR 的特性

### 1. GTR 共发射极电路的输出特性

在共发射极电路中,GTR 的集电极电压 $U_{CE}$ 与集电极电流 $I_C$ 的关系曲线称为输出特性曲线,如图 2-1-2 所示。从图中可以看出,随着 $I_B$ 从小到大的变化,GTR 经过截止区、线性放大区、准饱和区和深度饱和区四个区域。

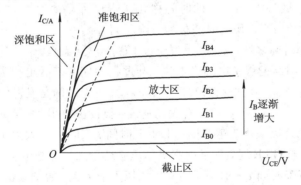

图 2-1-2 共发射极电路的输出特性曲线

(1) 在截止区:$I_B < 0$(或 $I_B = 0$),$U_{BE} < 0$,$U_{BC} < 0$,GTR 承受高电压,且有很小的穿透电流流过,类似于开关的断态。

(2) 在线性放大区:$U_{BE} > 0$,$U_{BC} < 0$,$I_C = \beta I_B$,GTR 应避免工作在线性区,以防止功率过大而损坏 GTR。

(3) 在准饱和区:随着 $I_B$ 的增大,GTR 逐渐进入准饱和区,此时 $U_{BE} > 0$,$U_{BC} > 0$,但是 $I_C$ 和 $I_B$ 之间不再呈线性关系,电流增益 $\beta$ 开始减小,输出特性曲线开始弯曲。

(4) 在深度饱和区:此时 $U_{BE} > 0$,$U_{BC} > 0$,$I_B$ 变化时 $I_C$ 不再改变,管压降 $U_{CE}$ 很小,可近似认为等于零,等效于理想开关的导通状态。

**2. GTR 的开关特性**

GTR 在开关过程中的电流波形如图 2-1-3 所示，按照其工作状态可分为开通过程和关断过程。

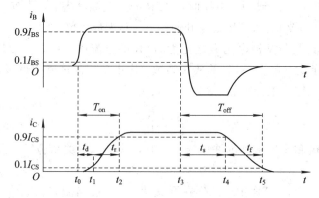

图 2-1-3　GTR 的开关特性曲线

1）开通时间（$T_{on}$）

当 GTR 满足导通条件时，在基极电流 $I_B$ 的作用下，GTR 的集电极电流 $I_C$ 从零增加到其饱和电流 $I_{CS}$ 的 10% 所经历的时间称为延迟时间 $t_d$（$t_d = t_1 - t_0$）；而 $I_C$ 从 $I_{CS}$ 的 10% 增加到 $I_{CS}$ 的 90% 所经历的时间称为上升时间 $t_r$（$t_r = t_2 - t_1$）。因此，GTR 的开通时间则为延迟时间与上升时间之和，即 $T_{on} = t_d + t_r$（$T_{on} = t_2 - t_0$）。

2）关断时间（$T_{off}$）

从 $t_3$ 时刻开始，基极电流 $I_B$ 开始降低，在负变基极电流的作用之下，集电极电流也开始减小，$I_C$ 减小到 $I_{CS}$ 的 90% 所经历的时间称为存储时间 $t_s$（$t_s = t_4 - t_3$）；从 $t_4$ 时刻开始，$I_C$ 继续减小到 $I_{CS}$ 的 10% 所经历的时间称为下降时间 $t_f$（$t_f = t_5 - t_4$）；所以，GTR 的关断时间为存储时间与下降时间之和，即 $T_{off} = t_s + t_f$（$T_{off} = t_5 - t_3$）。

延迟过程中，发射结的势垒电容充电，上升过程中储存基区电荷需要一定的时间，存储时间是消除基区超量储存的电荷过程所引起的，而下降时间是发射结和集电结势垒电容放电的结果。在应用中为了提高 GTR 开关的速度，要设法减小 $T_{on}$ 与 $T_{off}$。很明显，增大驱动电流 $I_B$，加快充电可以减小延迟时间 $t_d$ 和上升时间 $t_r$，但是 $I_B$ 太大又会使关断过程中存储时间 $t_s$ 增长。在关断 GTR 时，加反向基极电压有助于加快势垒电容上电荷的释放，即可减小存储时间 $t_s$ 和下降时间 $t_f$，但是反向基极电压不能太大，否则会击穿发射结并使 GTR 在下次导通时延迟时间增长。

## 2.1.3　GTR 的主要参数

**1. 电压参数**

1）最高电压额定值

最高集电极电压额定值是指集电极的击穿电压值，它不仅因器件的不同而不同，而且会因外电路接法的不同而不同。击穿电压有：

（1）$U_{CBO}$ 为发射极开路时，集电极与基极之间的击穿电压。

（2）$U_{CEO}$为基极开路时，集电极与发射极之间的击穿电压。

（3）$U_{CES}$为基极与射极短路时，集电极与发射极之间的击穿电压。

（4）$U_{CER}$为基极与发射极间并联电阻时集电极与发射极之间的击穿电压，并联电阻越小，其值越高。

（5）$U_{CEX}$为基极与发射极间施加反偏压时集电极与发射极之间的击穿电压。

各种不同接法的击穿电压的关系如下：

$$U_{CBO} > U_{CEX} > U_{CES} > U_{CER} > U_{CEO}$$

为了保证器件工作安全，电力晶体管的最高工作电压$U_{CEM}$应比最小击穿电压$U_{CEO}$低。

2）饱和压降$U_{CES}$

处于深饱和区的集电极电压称为饱和压降，在大功率应用中它是一项重要指标，因为它关系到器件导通的功率损耗。单个电力晶体管的饱和压降一般不超过$1 \sim 1.5$ V，它随集电极电流$I_C$的增加而增大。

**2. 电流参数**

1）集电极连续直流电流额定值$I_C$

集电极连续直流电流额定值是指只要保证结温不超过允许的最高结温，晶体管允许连续通过的直流电流值。

2）集电极最大电流额定值$I_{CM}$

集电极最大电流额定值是指在最高允许结温下，不造成器件损坏的最大电流。超过该额定值必将导致晶体管内部结构的烧毁。在实际使用中，可以利用热容量效应，根据占空比来增大连续电流，但不能超过峰值额定电流。

3）基极电流最大允许值$I_{BM}$

基极电流最大允许值比集电极最大电流额定值要小得多，通常$I_{BM} = (0.1 \sim 0.5)I_{CM}$，而基极发射极间的最大电压额定值通常只有几伏。

**3. 其他参数**

1）最高结温$T_{jM}$

最高结温是指正常工作时不损坏器件所允许的最高温度。它由器件所用的半导体材料、制造工艺、封装方式及可靠性要求来决定。塑封器件一般为$120℃ \sim 150℃$，金属封装为$150℃ \sim 170℃$，高可靠平面管为$175℃ \sim 200℃$。为了充分利用器件功率而又不超过允许结温，使用电力晶体管时必须选配合适的散热器。

2）最大额定功耗$P_{CM}$

最大额定功耗是指电力晶体管在最高允许结温时所对应的耗散功率。它受结温限制，其大小主要由集电结工作电压和集电极电流的乘积决定。一般是在环境温度为$25℃$时测定，如果环境温度高于$25℃$，允许的$P_{CM}$值应当减小。由于这部分功耗全部变成热量使器件结温升高，因此散热条件对GTR的安全可靠十分重要，如果散热条件不好，器件就会因温度过高而烧毁；相反，散热条件越好，GTR在给定的范围内允许的功耗也越高。

**4. 二次击穿与安全工作区**

**1）二次击穿现象**

二次击穿是电力晶体管突然损坏的主要原因之一，成为影响其是否能安全可靠使用的一个重要因素。前述的集电极与发射极击穿电压值 $U_{CEO}$ 是一次击穿电压值，当集电极反偏电压 $U_{CE}$ 逐渐增大到 $U_{CEO}$ 时，集电极电流 $I_C$ 也急剧增大（雪崩击穿），但此时集电结的电压基本保持不变，如果有外加电阻限制电流的增长，则一般不会引起电力晶体管特性变坏。但如果不加以限制，一旦发生二次击穿就会使器件受到永久性损坏。二次击穿是指器件发生一次击穿后，集电极反偏电压 $U_{CE}$ 继续增大，当上升到如图 2-1-4 所示的临界点 $A(U_{SB}, I_{SB})$ 时，$U_{CE}$ 突然下降，而集电极电流 $I_C$ 急剧增加，此时 A 点的电压和电流将产生向低阻抗高速移动的负阻现象。A 点所对应的电压 $U_{SB}$ 和电流 $I_{SB}$ 分别称为二次击穿临界电压和临界电流，它们的乘积 $P_{SB} = U_{SB} \times I_{SB}$ 称为二次击穿临界功率。

把不同 $I_B$ 下二次击穿的临界点连接起来就形成了二次击穿临界线，如图 2-1-5 所示。

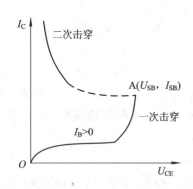

图 2-1-4　GTR 二次击穿伏安特性

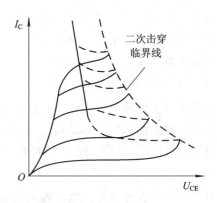

图 2-1-5　GTR 二次击穿临界线

**2）安全工作区（SOA）**

电力晶体管在运行中会受到电压、电流、功率损耗和二次击穿等额定值的限制。为了使电力晶体管安全可靠地运行，必须使其工作在安全工作区内。安全工作区（Safe Operation Area，SOA）是由电力晶体管的二次击穿功率 $P_{SB}$、集射极最高电压 $U_{CEM}$、集电极最大电流 $I_{CM}$ 和集电极最大耗散功率 $P_{CM}$ 等参数限制的区域，如图 2-1-6 中的阴影部分所示。

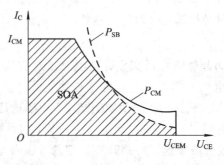

图 2-1-6　GTR 的安全工作区

安全工作区是在一定的温度下得出的，如环境温度 25℃ 或管子壳温 75℃ 等。使用时，如果超出上述指定的温度值，则允许功耗和二次击穿临界值等都必须低于额定使用。

### 2.1.4　GTR 的驱动和保护电路

#### 1. GTR 驱动电路的设计要求

GTR 基极驱动方式直接影响其工作状态，可使某些特性参数得到改善或变坏，例如：若驱动加速开通，减少开通损耗，但对关断不利，增加了关断损耗。驱动电路有无快速保护功能，是 GTR 在过压、过流后是否损坏的重要条件。GTR 的热容量小，过载能力差，采用快速熔断器和过电流继电器是根本无法保护 GTR 的。因此，不再用切断主电路的方法，而是采用快速切断基极控制信号的方法进行保护。这就将保护措施转化成如何及时准确地测到故障状态和如何快速可靠地封锁基极驱动信号这两个方面的问题。

设计基极驱动电路必须考虑的 3 个方面：优化驱动特性、驱动方式和自动快速保护功能。

1）优化驱动特性

优化驱动特性就是以理想的基极驱动电流波形去控制器件的开关过程，保证较高的开关速度，减少开关损耗。优化的基极驱动电流波形与 GTO 门极驱动电流波形相似。

2）驱动方式

驱动方式按不同的情况有不同的分类方法。在此处，驱动方式是指驱动电路与主电路之间的连接方式，它有直接和隔离两种驱动方式。直接驱动方式分为简单驱动、推挽驱动和抗饱和驱动等形式；隔离驱动方式分为光电隔离和电磁隔离形式。

3）自动快速保护功能

在故障情况下，为了实现快速自动切断基极驱动信号以免 GTR 遭到损坏，必须采用快速保护措施。保护的类型一般有抗饱和、退抗饱和、过流、过压、过热和脉冲限制等。

#### 2. 典型基极驱动电路

GTR 的基极驱动电路有恒流驱动电路、抗饱和驱动电路、固定反偏互补驱动电路、比例驱动电路、集成化驱动电路等多种形式。

(1) 恒流驱动电路的作用是使 GTR 的基极电流保持恒定，不随集电极电流变化而变化。

(2) 抗饱和驱动电路也称为贝克钳位电路，其作用是让 GTR 开通时处于准饱和状态，使其不进入放大区和深饱和区。关断时，施加一定的负基极电流有利于减小关断时间和关断损耗。

(3) 固定反偏互补驱动电路是由具有正、负双电源供电的互补输出电路构成的，当电路输出为正时，GTR 导通；当电路输出为负时，发射结反偏，基区中的过剩载流子被迅速抽出，管子迅速关断。

(4) 比例驱动电路的作用是使 GTR 的基极电流正比于集电极电流的变化，保证在不同负载情况下，器件的饱和深度基本相同。

(5) 集成化驱动电路克服了上述电路元件多、电路复杂、稳定性差、使用不方便等缺点，具有代表性的器件是 THOMSON 公司的 UAA4003 和三菱公司的 M57215BL。

### 3. 双电源分立元件驱动电路

GTR 的驱动电路种类很多，下面介绍一种分立元件 GTR 的驱动电路，如图 2-1-7 所示。该电路由电气隔离和晶体管放大电路两部分构成。

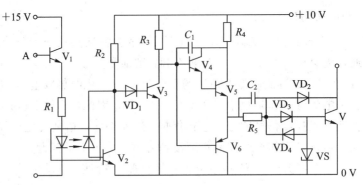

图 2-1-7　光电隔离驱动电路

（1）当控制电路信号输入端 A 为高电平时，晶体管 $V_1$ 导通，光耦合器的发光二极管流过电流，使光敏二极管反向电流流过 $V_2$ 的基极，$V_2$ 导通，$V_3$ 截止，$V_4$ 和 $V_5$ 导通，$V_6$ 截止。$V_5$ 的发射极电流流过 $R_5$、$VD_3$，驱动电力晶体管 V 导通，同时给电容 $C_2$ 充上左正右负的电压。

（2）当 A 点由高电平变为低电平时，$V_1$ 截止，光电耦合器中发光二极管和光敏晶体管电流均为零，$V_2$ 截止，$V_3$ 导通，$V_4$ 和 $V_5$ 截止，$V_6$ 导通，电容 $C_2$ 的右侧变为负电位。$C_2$ 上所充电压通过电力晶体管 V 的发射极 e 和基极 b、VD4、$V_6$ 放电，使电力晶体管 V 截止。

下面对该驱动电路中的一些细节再做进一步分析。

① 加速电容电路。

当 $V_5$ 刚导通时，+10 V 电源通过 $R_4$、$V_5$、$C_2$、$VD_3$ 驱动电力晶体管 V，$R_5$ 被 $C_2$ 短路。这样可以实现驱动电流的过冲，并增加前沿陡度，加快开通。过冲电流幅值可为额定基极电流的两倍以下。$C_2$ 称为加速电容。驱动电流的稳态值由 +10 V 电源电压、$R_4$ 和 $R_5$ 决定，选择 $R_4$ 和 $R_5$ 的值时，应保证能提供足够大的基极电流，使得在负载电流最大时电力晶体管仍能饱和导通。

② 抗饱和电路。

图 2-1-7 中钳位二极管 $VD_2$ 和电位补偿二极管 $VD_3$ 构成抗饱和电路，可使电力晶体管导通时处于临界饱和状态。当负载较轻使得集电极电位低于基极电位时，$VD_2$ 就会自动导通，使多余的驱动电流注入集电极，维持 $U_{bc} \approx 0$。这样，就使得 V 导通时始终处于临界饱和状态。二极管 $VD_2$ 也称为贝克钳位二极管。由于钳位二极管的阴极接在主电路电力晶体管的集电极，因而可能承受高电压，所以其耐压等级应和电力晶体管相当。除光耦合器外，驱动电路的其他元件都可选用耐压等级较低的。

③ 截止反偏驱动电路。

截止反偏驱动电路由 $C_2$、$V_6$、VS、$VD_4$ 和 $R_5$ 构成。当 V 导通时，电容 C 所充电压由 +10 V 电源和 $R_4$、$R_5$ 决定。当 V5 截止，$V_6$ 导通时，$C_2$ 先通过 $V_6$、V 的发射结和 $VD_4$ 放电，当电力晶体管 V 截止后，稳压管 VS 取代 V 的发射结使 $C_2$ 连续放电。VS 上的电压使

V 基极反偏。另外，$C_2$ 还通过 $R_5$ 放电。可以看出，$C_2$ 除起到前面所说的加速电容的作用外，还在截止反偏驱动电路中起储能电容的作用。

**4. GTR 保护电路**

GTR 作为一种大功率电力电子器件，常工作于大电流、高电压的场合。为了使 GTR 组成的系统能够安全可靠地正常运行，必须对 GTR 采取有效的保护措施。一般来讲，GTR 的保护可分为过电压保护、电压变化率 $du/dt$ 的限制、过电流保护、电流变化率 $di/dt$ 的限制。

1）GTR 的过电压保护及对 $du/dt$、$di/dt$ 的限制

在电路中的电力半导体器件关断时，由于电路中有电感存在，往往会在器件上产生很高的过电压和电压变化率 $du/dt$，对器件的安全运行带来很大威胁。当器件是电力晶体管时，还会造成反向偏置二次击穿。为防止过电压和减小 $du/dt$，通常设置缓冲电路。缓冲电路还可以减少关断损耗。另外，为了对器件开通时进行保护，通常设置 $di/dt$ 抑制电路。这种电路可以减少开通损耗并防止电力晶体管的正向偏置二次击穿，就其作用而言，$di/dt$ 抑制电路也可算作缓冲电路的一种。

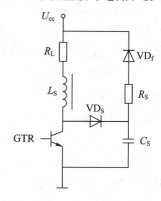

图 2-1-8 是一种基本缓冲电路。在 GTR 关断过程中，流过负载 $R_L$ 的电流通过电感 $L_S$、二极管 $VD_S$ 给电容 $C_S$ 充电。因为 $C_S$ 上的电压不能突变，所以使 GTR 在关断过程中电压缓慢上升，避免关断过程初期 GTR 中电流下降不多时电压就升到最大值的情况，同时也使电压上升率 $du/dt$ 被限制。在 GTR 开通过程中，一方面 $C_S$ 经 $R_S$、$L_S$ 和 GTR 回路放电，减小了 GTR 所承受的较大的电流

图 2-1-8 缓冲电路

上升率 $di/dt$；另一方面，负载电流经电感 $L_S$ 后受到缓冲，也就避免了开通过程中 GTR 同时承受大电流和高电压的情形。

2）GTR 的过电流保护

过电流分为过载和短路两种情况。GTR 允许的过载时间较长，一般在数毫秒内，而允许的短路时间极短，一般在若干微妙内。由于时间极短，所以不能采用快速熔断器来保护，必须采取正确的保护措施，将电流限制在过载能力的限度内，以达到过载和短路保护的目的。一般的方法是：① 利用参数状态识别对单个器件进行自适应保护；② 利用互锁办法对桥臂中的两个器件进行保护；③ 利用常规的办法对电力电子装置进行最终保护。上述三个办法中，单独使用任何一种办法都不能进行有效保护，只有综合应用才能实现全方位的保护。

**5. 集成 GTR 驱动电路**

GTR 集成驱动电路种类很多，下面简单介绍几种：

HL202 是国产双列直插、20 引脚 GTR 集成驱动电路，内有微分变压器实现信号隔离、贝克钳位退饱和、负电源欠压保护。工作电源电压 +8～+10 V 和 -5.5～-7 V，最大输出电流大于 2.5 A，可以驱动 100 A 以下的 GTR。

UAA4003 是双列直插、16 引脚 GTR 集成驱动电路，可以对被驱动的 GTR 实现最优

驱动和完善保护，保证 GTR 运行在临界饱和的理想状态，自身具有 PWM 脉冲形成单元，特别适用于直流斩波器系统。

M57215BL 是双列直插、8 引脚 GTR 集成驱动电路，单电源自生负偏压工作，可以驱动 50 A、1000 V 以下的 GTR 模块的一个单元；外加功率放大可以驱动 75～400 A 以上 GTR 模块。电力晶体管的缓冲电路(也称吸收电路)的作用是：降低浪涌电压，减少器件的开关损耗，避免器件的二次击穿，抑制电磁干扰，减少 $du/dt$、$di/dt$ 对电容的影响，提高电路的可靠性。为了避免同时出现电压和电流的最大值，应分别考虑开启缓冲与关断缓冲的设置，以减少器件的开关耗损。

## 2.1.5　GTR 的应用

GTR 属于全控型器件，与晶闸管相比具有自关断能力，因此应用于逆变电路中时，不需要复杂的换流设备，它不但使主回路简化、重量减轻、尺寸缩小，更重要的是不会出现换流失败的问题，提高了电路的可靠性。同时，GTR 具有较好的频率特性，工作频率比晶闸管高 1～2 个数量级，能在较高频率下工作，不但可获得晶闸管系统无法获得的优越性能，而且因频率提高还可降低磁性元件及电容器的规格参数和体积重量。下面举几个简单的例子来说明 GTR 的应用。

### 1. 直流传动

GTR 在直流传动系统中的功能是直流电压变换，即斩波调压，如图 2-1-9 所示。所谓斩波调压，是利用电力电子开关器件将直流电变换成另一固定或大小可调的直流电，有时又称之为直流变换或开关型 DC/DC 变换电路。

图 2-1-9 中，$VD_1 \sim VD_6$ 构成一个三相桥式整流电路，可获得一个稳定的直流电压。VD 为续流二极管，作用是在 GTR 关断时为直流电机提供电流流通通道，保证直流电动机电枢电流的连续。通过改变 GTR 基极输入脉冲的占空比来控制 GTR 的导通与关断时间，在直流电动机上就可获得大小可调的直流电压。由于 GTR 斩波电路的工作频率可高达 2 kHz，因此直流电动机的电枢电感足以使电流平滑，电动机旋转的振动减小，温升比用晶闸管调压时低，从而能减小电动机的尺寸。因此，在 200 V 以下、数十千瓦容量内，用 GTR 不但简单，而且效果非常好。

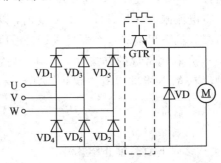

图 2-1-9　GTR 直流电动机斩波调速电路

### 2. 逆变系统

与晶闸管逆变相比，GTR 关断控制方便、可靠，效率高，有利于节能。图 2-1-10 给出了电压型晶体管逆变器变频调速系统框图。

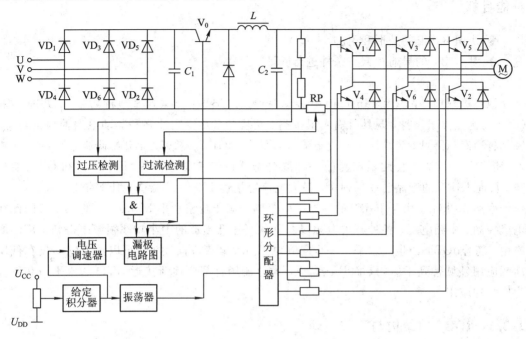

图 2-1-10　电压型晶体管逆变器变频调速系统框图

　　主电路由二极管 $VD_1 \sim VD_6$ 构成一个三相桥式整流电路，$C_1$ 为滤波电容，以获得稳定的直流电压。由 GTR、$L$、$C_2$ 和续流二极管组成斩波电路，$V_0$ 的基极电路输入可调的电压信号，则可在 $C_2$ 两端得到电压可调的直流电压。$V_1 \sim V_6$ 是由 6 个 GTR 构成的三相逆变电路，每个 GTR 的集电极和发射极之间所接的二极管为其缓冲电路。

　　控制电路的工作情况为：阶跃速度指令信号 $U_{gd}$ 经给定积分器变为斜坡信号，可以限制电动机启动与制动时的电枢电流。此速度指令一方面通过电压调节器、基极电路控制 $V_0$ 基极的关断与导通时间，即控制斩波电路，使输出为与逆变器频率成正比的电压，以保证在调速过程中实现恒磁通；另一方面，速度指令经电压频率变换器（振荡器）变成相应脉冲，再经环形分配器分频，使驱动信号每隔 60°轮流加在各开关器件 GTR（$V_1 \sim V_6$）上，实现将直流电变成交流电的逆变过程。当主电路出现过压或过流时，其检测电路输出信号，封锁逆变电路的输出脉冲（环形分配器），另外还立即封锁开关器件 GTR（$V_0$）的基极电流，实现线路保护。

# 任务二　绝缘栅双极型晶体管(IGBT)

## 学习目标

◆ 掌握绝缘栅双极型晶体管的结构、符号及工作原理。

◆ 了解绝缘栅双极型晶体管的优缺点及应用。

**技能目标**

◆ 认识 IGBT 的外形和引脚。

◆ 对 IGBT 的导通和截止条件进行验证。

绝缘栅双极型晶体管(Insulated Gate Bipolar Transistor，IGBT)将功率 MOSFET 和 GTR 的优点集于一身，既具有输入阻抗高、速度快、热稳定性好和驱动电路简单的特点，又具有通态压降低、耐高压和承受电流大等优点。IGBT 从 1982 年开始研制，于 1986 年投产，是发展最快并且使用最广泛的一种混合型器件，有取代功率 MOSFET 和 GTR 的趋势。目前 IGBT 的产品已经系列化，最大电流容量达 1800 A，最高电压等级达 4500 V，工作频率达 50 kHz。由于 IGBT 的导通电阻是同一耐压规格功率 MOSFET 的 1/10，因此在电机控制、中频电源、各种开关电源以及其他高速低损耗的中小功率领域中得到了广泛的应用。随着 IGBT 的生产水平进一步向高电压、大电流方向发展，可以预料它不仅在低压高频应用领域得到了应用，而且在高压、大电流场合都会逐渐接近 GTO 的水平而获得极为广泛的应用。

## 2.2.1 IGBT 的结构与工作原理

### 1. IGBT 的结构

IGBT 本质上是一个场效应晶体管，只是在漏极和漏区之间多了一个 P 型层，因此其各部分名称基本沿用场效应晶体管的命名。图 2-2-1(a)所示为一个 N 沟道增强型绝缘栅双极型晶体管的结构。

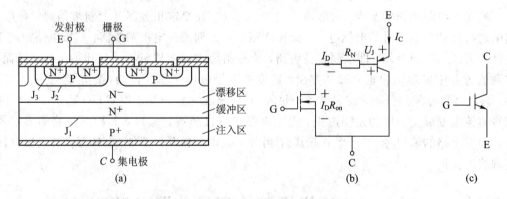

图 2-2-1 IGBT 的结构、等效电路和电气符号

图 2-2-1(a)中，$N^+$ 区称为源区，附于其上的电极称为源极；$P^+$ 区称为漏区，其上的电极称为漏极；器件的控制区为栅区，附于其上的电极称为栅极。为了兼顾长期以来人们的习惯，从而规定：源极引出的电极端称为发射极，漏极引出的电极端称为集电极。导电沟道在紧靠栅区的边界形成。在集电极和发射极之间的 P 型区(包括 $P^+$ 和 $P^-$ 区，导电沟道在该区域形成)，称为亚沟道区(Subchannel region)；而在漏区另一侧的 $P^+$ 区称为漏注入区(Drain injector)，它是 IGBT 特有的功能区，与漏区和亚沟道区一起形成 PNP 双极晶体管，起发射极的作用，向漏极注入空穴，进行导电调制，以降低器件的通态电压。

## 2. IGBT 的工作原理

IGBT 也属于场控型器件，其驱动方法和 MOSFET 基本相同，相当于一个由 P-MOSFET 驱动的厚基区 GTR，其简化等效电路如图 2-2-1(b)所示。如果集电极 C 接电源正极，发射极 E 接电源负极，则它的导通和关断由栅极电压 $U_{GE}$ 来控制。当栅极施以正向电压 $U_{GE}$，且 $U_{GE}$ 大于开启电压 $U_{GE(TH)}$ 时，P-MOSFET 栅极下形成导电沟道，为等效 PNP 型 GTR 提供基极电流，使 IGBT 导通。此时，从 $P^+$ 区注入到 $N^-$ 层的空穴(少子)对 $N^-$ 层进行电导调制，减小了 $N^-$ 层的电阻，使 IGBT 在高电压时也具有低的通态电压。IGBT 的开关作用是通过加正向栅极电压形成沟道，给 PNP 晶体管提供基极电流，使 IGBT 导通。反之，当栅极施以负电压 $U_{GE}$ 时，P-MOSFET 内的沟道消失，PNP 型 GTR 流过反向基极电流，使 IGBT 关断。

## 2.2.2　IGBT 的工作特性与主要参数

IGBT 的工作特性包括静态和动态两类。其中，IGBT 的静态特性主要有伏安特性、转移特性；IGBT 的动态特性也称开关特性，包括开通和关断两个部分。

### 1. IGBT 的伏安特性和转移特性

IGBT 的伏安特性(又称静态输出特性)是指栅极-发射极电压 $U_{GE}$ 一定时，集电极电流 $I_C$ 与输出端电压 $U_{CE}$ 之间的关系曲线，如图 2-2-2(a)所示。输出集电极电流 $I_C$ 受电压 $U_{GE}$ 的控制，$U_{GE}$ 越高，$I_C$ 越大。它与 GTR 的输出特性类似，也可分为饱和区、有源放大区、阻断区和击穿区 4 个部分。在截止状态下的 IGBT，其反向电压承受能力很差，从伏安特性可知，它的反向阻断电压 $U_{BM}$ 只能达到几十伏水平，因此限制了 IGBT 在需要承受高反向电压场合的应用。

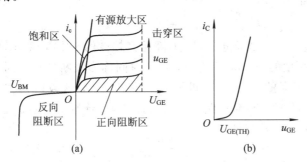

图 2-2-2　IGBT 的伏安特性和转移特性

IGBT 的转移特性是指集电极电流 $I_C$ 与栅极-发射极电压 $U_{GE}$ 之间的关系曲线，如图 2-2-2(b)所示。当 $U_{GE} > U_{GE(TH)}$(开启电压一般为 3～6 V)时，IGBT 导通，其输出电流 $I_C$ 与栅极-发射极电压 $U_{GE}$ 基本呈线性关系，而当 $U_{GE} < U_{GE(TH)}$ 时，IGBT 关断。

### 2. IGBT 的开关特性

IGBT 的开关特性是指通态和断态之间转换的过程中器件电压和电流之间的变化关系，它分为开通和关断过程，如图 2-2-3 所示。

IGBT 的开通过程是从正向阻断状态变为正向导通状态的过程，其开通过程与功率 MOSFET 的开通过程相似。从栅极电压 $U_{GE}$ 的前沿上升至其幅度的 10% 时刻开始，到

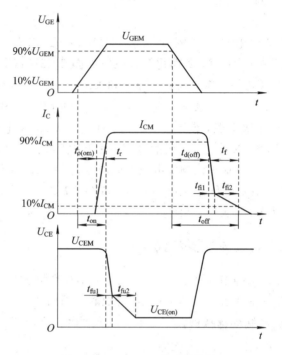

图 2 - 2 - 3  IGBT 的开关特性

IGBT 的集电极电流 $I_C$ 上升至其幅度的 10％ 时刻为止，这段时间称为开通延迟时间 $t_{d(on)}$，在此期间内，主要是 IGBT 内部的 MOSFET 完成了开启。此后，IGBT 中的输出级三极管开始导通，并由有源放大区迅速进入饱和区，使集电极电流 $I_C$ 迅速增大，将 $I_C$ 从其幅度的 10％ 上升至其幅度的 90％ 的时间称为上升时间 $t_r$。通常把延迟时间 $t_{d(on)}$ 与上升时间 $t_r$ 之和称为开通时间 $t_{on}$，即

$$t_{on} = t_{d(on)} + t_r \qquad (2-3)$$

IGBT 的关断过程是从栅极电压 $U_{GE}$ 下降至其幅度的 90％ 时刻开始，到 IGBT 的集电极电流 $I_C$ 下降至其幅度的 90％ 时刻为止，这段时间称为关断延迟时间 $t_{d(off)}$。将 $I_C$ 从其幅度的 90％ 下降至其幅度的 10％ 的时间称为下降时间 $t_f$，这段时间主要是 IGBT 内部的 MOSFET 关断和 PNP 型三极管关断产生的延迟时间。通常把关断延迟时间从 $t_{d(off)}$ 与下降时间 $t_f$ 之和称为关断时间 $t_{off}$，即

$$t_{off} = t_{d(off)} + t_f \qquad (2-4)$$

IGBT 的开通时间 $t_{on}$ 通常为几十纳秒，但关断时间 $t_{off}$ 要远远大于开通时间，通常为数百纳秒。

### 3. IGBT 的主要参数

1) 最大集电极-发射极间电压 $U_{CEM}$

该参数表明 IGBT 在关断状态下集电极和发射极之间所能承受的最大电压。与其他器件相比，如 VDMOS、GTR 等，IGBT 的耐压可以做得更高，其最大 $U_{CEM}$ 可达 4500 V 以上。

2) 开启电压 $U_{GE(TH)}$

开启电压为转移特性与横坐标交点处的电压值，是 IGBT 的最低栅极-发射极电压。

$U_{GE(TH)}$ 随温度升高而下降，温度每升高 1℃，$U_{CE(TH)}$ 值下降 5 mV 左右。在 25℃ 时，IGBT 的开启电压一般为 2～6 V。

3）最大栅极-发射极电压 $U_{GEM}$

栅极电压是由栅极氧化层的厚度和特性所限制的。虽然栅极氧化层介电击穿电压的典型值大约为 80 V，但是为了限制故障时的电流和确保使用的可靠性，应将栅极电压限制在 20 V 以内，其最佳值一般取 15 V 左右。

4）通态压降 $U_{CE(on)}$

IGBT 的通态压降是指它在导通状态下集电极和发射极之间的管压降，它决定了 IGBT 的通态损耗。与相同耐压等级的 VDMOS 相比，IGBT 在大电流段的通态压降是前者的 1/10 左右。在小电流段的 1/2 额定电流以下通态压降有负温度系数，在 1/2 额定电流以上通态压降具有正温度系数，因此 IGBT 在并联使用时具有电流自动调节能力。通常 IGBT 的 $U_{CE(on)}$ 为 2～3 V。

5）集电极电流最大值 $I_{CM}$

在 IGBT 中，集电极电流 $I_C$ 的大小由 $U_{GE}$ 来控制，当 $I_C$ 大到一定程度时，IGBT 中寄生的 NPN 和 PNP 晶体管将处于饱和状态，此时栅极将失去对集电极电流 $I_C$ 的控制作用，这称为擎住效应，如图 2-2-4 所示。当 IGBT 发生擎住效应后，集电极电流 $I_C$ 将变大，功耗也随之增大，最终会造成器件的损坏。因此，出厂时必须要规定集电极最大电流 $I_{CM}$ 以及与之相对应的栅极-发射极最大电压 $U_{GEM}$。使用中应尽可能避免集电极电流超过 $I_{CM}$ 从而使 IGBT 产生擎住效应。

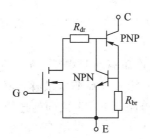

图 2-2-4 IGBT 实际结构的等效电路

6）最大集电极功耗 $P_{CM}$

最大集电极功耗是指 IGBT 正常工作温度下允许的最大功耗。

7）输入阻抗

IGBT 的输入阻抗非常高，可达 $10^9 \sim 10^{11}$ Ω 数量级，呈纯电容性，驱动功率小，这些与 VDMOS 相似。

8）最高允许结温 $T_{JM}$

IGBT 的最高允许结温为 150℃，且 IGBT 的通态压降在室温和最高结温之间变化很小，因此它具有良好的温度特性。

## 2.2.3 IGBT 的安全工作区

IGBT 在开通与关断时，均具有较宽的安全工作区。因为 IGBT 常用于开关工作状态，所以开通时对应正向偏置安全工作区(FBSOA),它由最大集电极电流 $I_{CM}$、最大集电极-发射极间电压 $U_{CEM}$ 和最大集电极功耗 $P_{CM}$ 三条极限边界线所围成。图 2-2-5(a)示出了在直流和脉宽分别为 100 $\mu$s、10 $\mu$s 时的 FBSOA,其中在直流工作条件下,发热严重,因而 FBSOA 最小,而在脉冲电流下,脉宽越窄,其 FBSOA 越宽。

IGBT 关断时所对应的为反向偏置安全工作区(RBSOA),它由最大集电极电流 $I_{CM}$、最大集电极-发射极间电压 $U_{CEM}$ 和电压上升率 $dU_{CE}/dt$ 三条极限边界线所围成,如图 2-2-5(b)所示。$dU_{CE}/dt$ 越大,RBSOA 越小,因此在使用中一般通过选择适当的 $U_{CE}$ 和栅极驱动电阻控制 $dU_{CE}/dt$,避免 IGBT 因 $dU_{CE}/dt$ 过高而产生擎住效应。

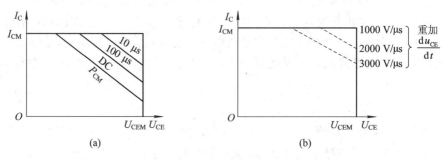

图 2-2-5 IGBT 的安全工作区

### 2.2.4 IGBT 的栅极驱动电路及其保护

#### 1. IGBT 对驱动电路的要求

IGBT 是以 GTR 为主导元件、MOSFET 为驱动元件的复合结构。根据 IGBT 的特性,对驱动电路的要求可以归纳为以下几点。

(1) IGBT 和 MOSFET 都是电压驱动型器件,都具有一个 2.5～5 V 的阈值电压,有一个容性输入阻抗,因此 IGBT 对栅极电荷非常敏感,驱动电路必须非常可靠,保证有一条低阻抗值的通电回路,即驱动电路与 IGBT 之间的连线要尽量短。

(2) 提供适当的正、反向输出电压 $U_{GE}$,使 IGBT 能可靠地开通和关断。当正偏电压($+U_{GE}$)增大时,IGBT 的通态压降和开通损耗均下降,但是如果 $U_{GE}$ 过大,负载短路时 $I_C$ 会增大,IGBT 能承受短路电流的时间减少,对其安全不利,因此在有短路过程的设备中,$U_{GE}$ 应选得小些,一般 $+U_{GE}$ 选 $+12$～$+15$ V 为最佳。

在关断过程中,为尽快抽取 PNP 管中的存储电荷,必须加一负偏电压($-U_{GE}$),但其受栅极和发射极间最大反向耐压的限制,一般取 $-10$～$-5$ V。

(3) 用内阻小的驱动源驱动 IGBT,以保证栅极控制电压 $U_{GE}$ 有足够陡的前后沿,但 IGBT 的开关时间应综合考虑。快速开通和关断有利于提高工作频率,使 IGBT 的开关损耗减小,但是在大电感负载下,IGBT 的开关时间不能太短,以抑制高速开通和关断时产生的尖峰电压 $Ldi_C/dt$,确保 IGBT 自身或其他元件的安全。另外,IGBT 开通后,驱动电路应提供足够的功率,使 IGBT 在正常工作过载的情况下不致退出饱和而损坏。

(4) 由于 IGBT 在电力电子设备中多用于高压场合,故驱动电路与控制电路在点位上应严格隔离。

(5) IGBT 的栅极驱动电路应尽可能简单实用,应具有较强的抗干扰能力及对 IGBT

的保护功能。

**2. 栅极驱动电路**

1）采用脉冲变压器隔离的栅极驱动电路

图 2 - 2 - 6 是采用脉冲变压器隔离的栅极驱动电路。其工作原理是：控制脉冲 $U_i$ 通过电阻加载到晶体管 V 的基极，经 V 放大后送入脉冲变压器的一次侧，经由脉冲变压器耦合后，二次侧输出电压再通过稳压二极管 $VD_{W1}$、$VD_{W2}$ 稳压限幅后驱动 IGBT 的栅极。脉冲变压器的一次侧并接有续流二极管 $VD_1$，以防止晶体管 V 中可能出现的关断过电压。电阻 $R_1$ 主要起到限制栅极驱动电流大小的作用，同时两端并接有加速二极管 $VD_2$，以提高 IGBT 的开通速度。

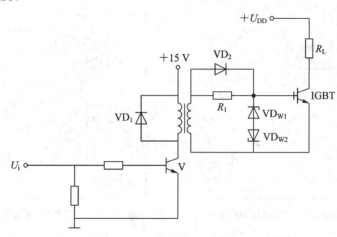

图 2 - 2 - 6　采用变压器隔离的栅极驱动电路

2）采用光电耦合器隔离的栅极驱动电路

图 2 - 2 - 7 是采用光耦合器等分立元器件构成的 IGBT 驱动电路。当有输入控制信号时，光电耦合器 VLC 导通，使 A 点被钳制在较低的电位，此时晶体管 $V_2$ 截止，$V_3$ 导通，$V_3$ 的发射极输出 +15 V 驱动电压，通过电阻及稳压二极管限幅限流后触发 IGBT 导通。当

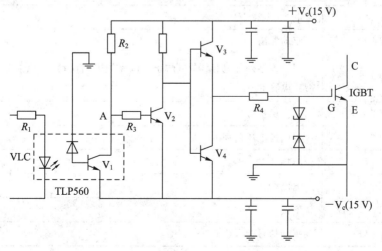

图 2 - 2 - 7　采用光电耦合器隔离的栅极驱动电路

输入控制信号为零时，VLC 截止，晶体管 $V_2$ 和 $V_4$ 导通，使 $V_4$ 的集电极输出 $-10$ V 驱动电压，此时 IGBT 截止。$+15$ V 和 $-10$ V 电源需靠近驱动电路，驱动电路输出端及电源地端至 IGBT 栅极和发射极的引线应采用双绞线，长度最好不超过 $0.5$ m。

  3）集成 IGBT 专用驱动电路

  自从 MOSFET 和 IGBT 等电压型功率器件出现以来，国内外推出了多种具有保护功能的智能驱动电路，如日本生产的 EXB841、EXB850，国产 M57959L 和 CWK 以及美国 IR 公司推出的 IR2110 等。其中，EXB 系列 IGBT 专用集成驱动模块是日本富士公司生产的，由于其具有性能好、可靠性高、体积小等优点，故得到了广泛的应用。EXB850、EXB851 是标准型，EXB840、EXB841 是高速型，它们的内部结构如图 2-2-8 所示。

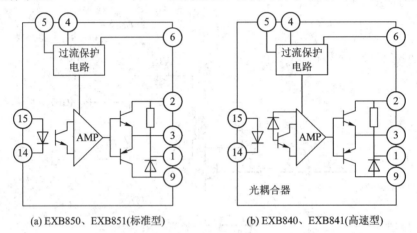

(a) EXB850、EXB851(标准型)  (b) EXB840、EXB841(高速型)

图 2-2-8 EXB 系列集成驱动器的内部框图

其各引脚功能如表 2.1 所示。

表 2.1 EXB 系列集成驱动电路引脚功能

| 管脚 | 功  能 |
| --- | --- |
| 脚 1 | 连接用于反向偏置电源的滤波电容器 |
| 脚 2 | 电源(＋20 V) |
| 脚 3 | 驱动输出 |
| 脚 4 | 用于连接外部电容器，以防止过流保护电路误动作(绝大部分场合不需要电容器) |
| 脚 5 | 过流保护输出 |
| 脚 6 | 集电极电压监视 |
| 脚 7、8 | 不接 |
| 脚 9 | 电源(0 V) |
| 脚 10、11、12、13 | 不接 |
| 脚 14、15 | 驱动信号输入(－、＋) |

### 3. 驱动电路的应用

EXB850 和 EXB851 驱动器分别能驱动 150 A/600 V、75 A/1200 V 和 400 A/600 V、300 A/1200 V 的 IGBT，驱动电路信号延迟≤4 μs，适用于高达 10 kHz 的开关电路。应用电路如图 2-2-9 所示。如果 IGBT 集电极产生大的电压尖脉冲，则可增大 IGBT 栅极串联电阻 $R_G$ 来加以限制。

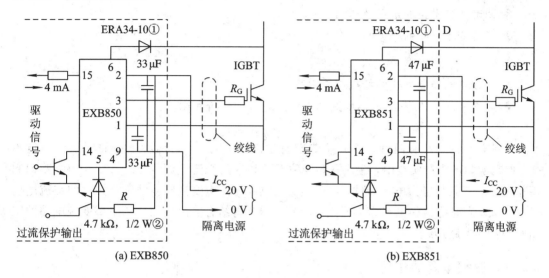

图 2-2-9　EXB850 和 EXB851 应用电路

EXB840 和 EXB841 高速型驱动器分别能驱动 150 A/600 V、75 A/1200 V 和 400 A/600 V、200 A/1200 V 的 IGBT，驱动电路信号延迟≤1 μs，适用于高达 40 kHz 的开关电路。它的应用电路如图 2-2-10 所示。

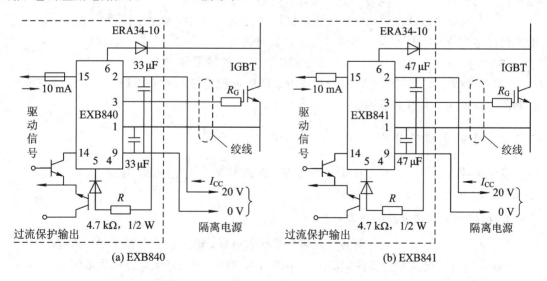

图 2-2-10　EXB840 和 EXB841 应用电路

# 任务三　变频电路的作用、原理和换流方式

## 学习目标

◆ 明确变频电路的定义及作用。

◆ 了解变频电路的种类和基本工作过程。

**技能目标**

◆ 熟知不同换流方式的特点和使用范围。

◆ 对交-直-交和交-交变频电路的工作原理进行分析和比较。

目前常用的电源有两种，即工频交流电源和直流电源，这两种电源的频率都固定不变。但在实际的生产实践中，往往需要各种不同频率的交流电源，可以通过变频电路即利用晶闸管或者其他电力电子器件，将工频交流电或直流电变换成各种所需频率的交流电提供给负载，有时称这种电路为无源逆变电路。本章将结合实际电路介绍主要变频电路的工作原理及其电路形式。

### 2.3.1　变频电路的作用

在现代化生产中需要各种频率的交流电源，变频器的作用就是把工频交流电或直流电变换成频率可调的交流电供给负载，如：

（1）标准 50 Hz 电源，用于人造卫星、大型计算机等特殊要求的电源设备，对其频率、电压波形与幅值及电网干扰等参数，均有很高的精度要求。

（2）不间断电源(UPS)，平时电网对蓄电池充电，当电网发生故障停电时，将蓄电池的直流电逆变成 50 Hz 交流电，对设备进行临时供电。

（3）中频装置，广泛用于金属冶炼、感应加热及机械零件淬火。

（4）变频调速，用三相变频器产生频率、电压可调的三相变频电源，对三相感应电动机和同步电动机进行变频调速。

### 2.3.2　变频电路的分类

变频电路的核心部分就是无源逆变电路，即我们常说的变频器，其根据不同的特点有不同的分类方法。

**1. 根据输入直流电源的特点分类**

（1）电压型：电压型逆变器的输入端并接有大电容，输入直流电源作为恒压源。

（2）电流型：电流型逆变器的输入端串接有大电感，输入直流电源作为恒流源。

**2. 根据电路的结构特点分类**

（1）半桥式逆变器。

（2）全桥式逆变器。

（3）推挽式逆变器。

**3. 根据负载的特点分类**

（1）谐振式逆变器。

（2）非谐振式逆变器。

**4. 根据变频过程分类**

（1）交-交变频器。由固定的交流电直接转换成交流电的过程，也叫直接变频。

（2）交-直-交变频器。先将交流电整流成直流电，再将直流电转换成交流电的过程，也称间接变频。

## 2.3.3 变频电路的工作原理

变频电路种类繁多，依据变频的过程可分为两大类。一类为交-直-交变频电路，另一类为交-交变频电路，下面我们用单相变频电路分别来说明其工作原理。

**1. 单相交-直-交变频电路**

如图 2-3-1(a)所示为单相桥式变频电路，该图中 $U_d$ 为通过整流电路将交流电整流而得的直流电源，晶闸管 $VT_1$、$VT_4$ 称为正组，$VT_2$、$VT_3$ 称为反组。当控制电路使 $VT_1$、$VT_4$ 导通，$VT_2$、$VT_3$ 关断时，在输出端获得正向电压；当控制电路使 $VT_2$、$VT_3$ 导通，$VT_1$、$VT_4$ 关断时，输出端获得反向电压。这样交替导通正组、反组的晶闸管，并且改变其导通关断的频率，就可在输出端获得频率不同方波，其输出电压波形如图 2-3-1(b)所示。如果改变正组和反组的控制角 $\alpha$ 的大小，即可实现对输出电压幅值的调节。

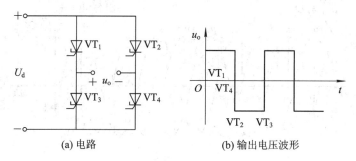

(a) 电路　　　　　　　　　　(b) 输出电压波形

图 2-3-1　单相桥式变频电路及输出电压波形图

这种电路直接将直流电变换为不同频率的交流电，从晶闸管的工作特性可知，晶闸管从关断变为导通是容易实现的。然而，由于电源为直流电，要使已导通的晶闸管重新恢复到关断状态则比较困难。从某种意义上讲，整个晶闸管变频电路发展的过程即是研究如何更有效、可靠地关断晶闸管的过程。我们把变频电路中已导通的晶闸管关断后再恢复其正向阻断状态的过程称为换流，通常采用的办法是对导通状态下的晶闸管施加反向电压，使其阳极电流下降到维持电流以下，从而关断晶闸管。加反向电压的时间必须大于晶闸管的关断时间。

随着半导体工业的发展，一些新型的全控型开关器件如本章中所谈到的 GTO、GTR、IGBT 管等正逐渐取代晶闸管，由于其属于全控型器件，导通和关断都可控制，这使交-直-交变频电路得到了很大的发展。

### 2. 单相交-交变频电路

电路原理如图 2-3-2(a)所示。电路由具有相同特征的两组晶闸管整流电路反并联构成，将其中一组称为正组整流器，另外一组称为反组整流器。如果正组整流器工作，反组整流器被封锁，负载端输出电压为上正下负；如果反组整流器工作，正组整流器被封锁，则负载端得到的输出电压为上负下正。这样，只要交替地以低于电源频率的方式切换正、反组整流器的工作状态，即可在负载端获得交变的输出电压。

图 2-3-2　单相交-交变频电路及输出电压的波形图(控制角 $\alpha$ 不变)

如果在一个周期内控制角 $\alpha$ 是固定不变的，则输出电压波形为矩形波，如图 2-3-2(b)所示。但是矩形波中含有大量的谐波，对电机的工作不利。如果控制角 $\alpha$ 不固定，在正组工作的半个周期内让控制角 $\alpha$ 按正弦规律从 90°逐渐减小到 0°，然后再由 0°逐渐增加到 90°，那么正组整流电路的输出电压的平均值就按正弦规律变化。若控制角 $\alpha$ 从零增加到最大，然后从最大减小到零，变频电路输出电压波形如图 2-3-3 所示(三相交流输入)，该图中 A~G 点为触发控制角的时刻。在反组工作的半个周期内采用同样的控制方法，就可得到接近正弦波的输出电压。

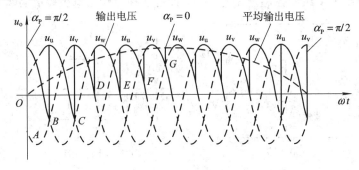

图 2-3-3　单相交-交变频电路及输出电压的波形图(控制角 $\alpha$ 变化)

### 3. 两种变频电路的比较

三相交-交变频电路所需的元器件数量较多，控制复杂，低压时功率因数低，输出频率受电网频率的限制。但是因为只有一次变流，且利用电网电源进行换流，不需要另接换流元件，提高了变流效率，并且低频时输出波形接近正弦波。

由于上述特点，交-交变频电路主要用于 500 kW 或 1000 kW 以上，转速在 600 r/min 以下的大功率、低转速的交流调速装置中，目前已在矿石碎机、水泥球磨机、卷扬机、鼓风机及轧钢机主传动装置中获得较多的应用。它既可用于异步电动机传动，也可用于同步电动机传动。

交-直-交变频电路所需的元器件数量较少，控制简单，采用 SPWM 控制，功率因数高，输出频率不受电网频率的限制，特别是在高频下效率更高。

所以交-直-交变频电路主要用于金属熔炼、感应加热的中频电源装置，可将蓄电池的直流电变换为 50 Hz 交流电的不停电电源、变频变压电源(VVVF)和恒频恒压电源等。

交-交变频电路与交-直-交变频电路的特点比较如表 2.2 所示。

表 2.2 交-交变频电路与交-直-交变频电路的特点比较

| 比较项目 | 交-交变频电路 | 交-直-交变频电路 |
| --- | --- | --- |
| 变频形式 | 直接变频 | 间接变频 |
| 换能形式 | 一次换能 | 两次换能 |
| 换流方式 | 电网换流 | 强迫换流或负载换流 |
| 元件数量 | 较多 | 较少 |
| 功率因数 | 低压时功率因数低 | 采用 SPWM 控制，功率因数高 |
| 调频范围 | 最高为电网频率的 $\frac{1}{2}$ | 调频范围宽，不受电网限制 |
| 使用场合 | 低速大功率拖动 | 各种电力拖动，不间断电源 |

## 2.3.4 变频电路的换流方式

在变频电路工作过程中，电流从一个支路向另外一个支路转移的过程称为换流(也称为换相)。换流能否成功是变频电路能否正常工作的关键，因此研究换流方式是十分重要的。在变频电路中常用的换流方式有器件换流、负载换流、强迫换流和电网换流。

### 1. 器件换流(Device Commutation)

它利用电力电子器件自身具有的自关断能力(如全控型器件)进行换流。采用自关断器件组成的变频电路，就属于这种类型的换流方式。

### 2. 负载换流(Load Commutation)

它是利用输出电流超前电压(即带电容性负载时)进行换流，当流过晶闸管中的振荡电流自然过零时，则晶闸管将继续承受负载的反向电压，如果电流的超前时间大于晶闸管的关断时间，就能保证晶闸管完全恢复到正向阻断能力，从而实现电路可靠换流。目前使用较多的并联和串联谐振式中频电源就属于此类换流。因这种换流主电路不需附加换流环节，也称自然换流。

### 3. 强迫换流(Forced Commutation)

当负载所需的交流电频率不是很高时，可采用负载谐振式换流，但需要在负载回路中接入容量很大的补偿电容，这显然是不经济的，这时可在变频电路中附加一个换流回路。电路进行换流时，由于辅助晶闸管或另一主控晶闸管的导通，使换流回路产生一个脉冲，让原来导通的晶闸管承受反向脉冲电压，并持续一段时间，迫使晶闸管可靠关断，称之为强迫换流。图 2-3-4(a)为强迫换流电路原理图，电路中 $VT_2$、$C$ 与 $R_1$ 构成换流环节。当主控晶闸管 $VT_1$ 触发导通后，负载 $R$ 被接通，同时直流电源经 $R_1$ 对电容器 $C$ 充电，直到电容电压 $u_C=-U_d$ 为止。为了使电路换流，可触发辅助晶闸管 $VT_2$ 导通，这时电容电压通过 $VT_2$ 加到 $VT_1$ 管两端，迫使 $VT_1$ 承受反向电压而关断，同时电容 $C$ 还经 $R$、$VT_2$ 及直流电源进行放电和反向充电。反向充电波形如图 2-3-4(b)所示，由波形可见，$VT_2$ 触发导

通至 $t_0$ 期间，$VT_1$ 均承受反向电压，在这期间内 $VT_1$ 必须已恢复到正向阻断状态。只要适当选取电容器 $C$ 的值，使主控晶闸管 $VT_1$ 承受反向电压的时间 $t_0$ 大于 $VT_1$ 的恢复关断时间 $t_q$，就能确保可靠换流。

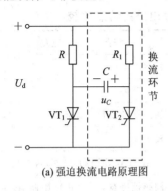

(a) 强迫换流电路原理图

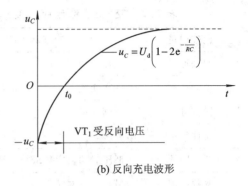

(b) 反向充电波形

图 2-3-4　强迫换流电路原理图及反向充电波形

**4. 电网换流（Line Commutation）**

由电网电压的过零变向提供换流电压，称为电网换流。可控整流电路、交流调压电路和采用相控方式的交-交变频电路的换流方式都是电网换流。在换流时，只要把负的电网电压施加在要关断的晶闸管上即可使其关断。这种换流方式不需要器件具有门极可关断能力，也不需要为换流附加元件，但不适用于没有交流电网的无源逆变电路。

# 任务四　谐振式变频电路

## 学习目标

◆ 理解谐振式变频电路的基本工作原理。
◆ 能够分析并联与串联式谐振电路的工作过程。

## 技能目标

◆ 并联谐振式变频电路的过程分析。
◆ 串联谐振式变频电路的过程分析。

在晶闸管变频电路中，晶闸管的换流方式是电路的重要内容，利用电容性负载电路的谐振来实现换流的电路称为谐振式变频电路。如果换流电容与负载并联，换流是基于并联谐振的原理，则称为并联谐振式变频电路，它广泛应用于金属冶炼、加热、中频淬火等场合。如果换流电容与负载串联，换流是基于串联谐振的原理，则称为串联谐振式变频电路，适用于高频淬火、弯管等场合，由于它们不用附加专门的换流电路，因此应用较为广泛。

## 2.4.1　并联谐振式变频电路

如图 2-4-1 所示电路即为并联谐振式变频电路的主电路。$L$ 为负载，换流电容 $C$ 与之并联，$L_1 \sim L_4$ 为四只电感量很小的电感，用于限制晶闸管电流上升率。由三相可控整流电路获得电压连续可调的直流电，经过大电感滤波，加到由四个晶闸管组成的变频桥两端，通过该变频电路的相应工作，将直流电变换为所需频率的交流电供给负载。

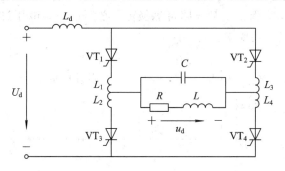

图 2-4-1 并联谐振式变频电路的主电路

上述变频电路在直流环节中设置大电感滤波，使直流输出电流波形平滑，从而使变频电路输出电流波形近似于矩形。由于直流回路串联了大电感，故电源的内阻抗很大，类似于恒流源，因此这种变频电路又被称为电流型变频电路。

图 2-4-1 所示电路一般多用于金属的熔炼、淬火及透热的中频加热电源。当变频电路中 $VT_1$、$VT_4$ 和 $VT_2$、$VT_3$ 两组晶闸管以一定频率交替导通和关断时，负载感应线圈就流入中频电流，线圈中即产生相应频率的交流磁通，从而在熔炼炉内的金属中产生涡流，使之被加热至熔化。晶闸管交替导通的频率接近于负载回路的谐振频率，负载电路工作在谐振状态，从而具有较高的效率。

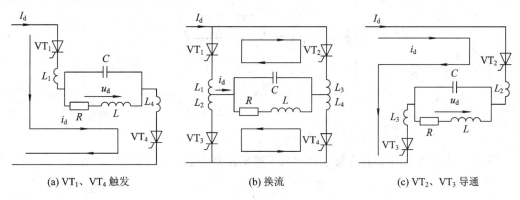

(a) $VT_1$、$VT_4$ 触发　　　　　　(b) 换流　　　　　　(c) $VT_2$、$VT_3$ 导通

图 2-4-2 变频器工作时晶闸管的换流过程

图 2-4-2 为变频器工作时晶闸管的换流过程。当晶闸管 $VT_1$、$VT_4$ 触发导通时，负载 $L$ 得到左正右负的电压，负载电流 $i_d$ 的流向如图 2-4-2(a)所示。由于负载上并联了换流电容 $C$，$L$ 和 $C$ 形成的并联电路可近似工作在谐振状态，负载呈容性，使 $i_d$ 超前负载电压 $u_d$ 一个角度 $\varphi$，负载中电流及电压波形如图 2-4-3 所示。当在 $t_2$ 时刻触发 $VT_2$ 及 $VT_3$ 晶闸管时，由于负载电压 $u_d$ 的极性此时对 $VT_2$ 及 $VT_3$ 而言为顺极性，使 $i_{VT2}$ 及 $i_{VT3}$ 从零逐渐增大；反之因 $VT_2$ 及 $VT_3$ 的导通，将电压 $u_d$ 反加至 $VT_1$ 及 $VT_4$ 两端，从而使 $i_{VT1}$ 及 $i_{VT4}$ 相应减小，在 $t_2 \sim t_4$ 时间内 $i_{VT1}$ 和 $i_{VT4}$ 从额定值减小至零，$i_{VT2}$ 由零增加至额定值，电路完成了换流。设换流期间时间为 $t_r$，从上述分析可见，$t_r$ 内四个晶闸管皆处于导通状态，由于大电感 $L$ 的恒流作用及时间 $t_r$ 很短，故不会出现电源短路的现象。虽然在 $t_4$ 时刻 $VT_1$ 及

$VT_4$ 中的电流已为零，但不能认为其已恢复阻断状态，此时仍需继续对它们施加反向电压，施加反向电压的时间应大于晶闸管的关断时间 $t_q$，换流电容 $C$ 的作用即可以提供滞后的反向电压，以保证 $VT_1$ 及 $VT_4$ 的可靠关断，图 2-4-3 中 $t_4$ 至 $t_5$ 的时间即为施加反向电压的时间。根据上述分析，为保证变频电路可靠换流，必须在中频电压过零前的 $t_f$ 时刻去触发 $VT_2$ 及 $VT_3$，$t_f$ 应满足下式要求：

$$t_f = t_r + K_f t_q \tag{2-5}$$

式中，$K_f$ 为大于 1 的系数，一般取 2~3，$t_f$ 称为触发引前时间。

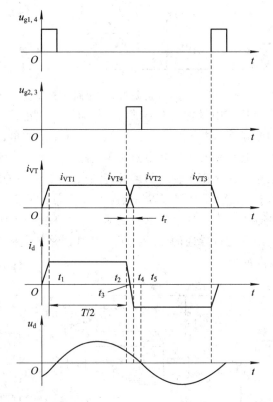

图 2-4-3  并联谐振式变频电路工作波形

负载的功率因数角 $\varphi$ 由负载电流与电压的相位差决定，从图 2-4-3 可知：

$$\varphi = \omega \left( \frac{t_r}{2} + t_\beta \right) \tag{2-6}$$

其中 $\omega$ 为电路的工作频率，$t_\beta$ 为晶闸管承受反向电压时间。

## 2.4.2  串联谐振式变频电路

在变频电路的直流侧并联一个大电容 $C$，用电容储能来缓冲电源和负载之间的无功功率传输。从直流输出端看，电源因并联大电容，其等效阻抗变得很小，大电容又使电源电压稳定，因此具有恒压源特点，变频电路输出电压接近矩形波，这种变频电路又被称为电压型变频电路。

图 2-4-4 给出了串联谐振式变频电路的主电路结构，其直流侧采用不可控整流电路和大电容滤波，从而构成电压型变频电路。电路为了续流，设置了反并联二极管 $VD_1 \sim$

$VD_4$，补偿电容 $C$ 和负载电感线圈 $L$ 构成串联谐振电路。为了实现负载换流，要求补偿以后的总负载呈容性，即负载电流 $i_d$ 超前负载电压 $u_d$ 的变化。

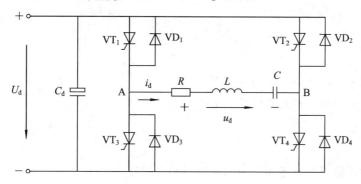

图 2-4-4　串联谐振式变频电路的主电路

电路工作时，变频电路频率接近谐振频率，故负载对基波电压呈现低阻抗，基波电流很大，而对谐波分量呈现高阻抗，谐波电流很小，所以负载电流基本为正弦波。另外，还要求电路工作频率低于电路的谐振频率，以使负载电路呈容性，负载电流 $i_d$ 超前负载电压 $u_d$，以实现换流。

图 2-4-5 为串联谐振式变频电路工作波形。设晶闸管 $VT_1$、$VT_4$ 导通，电流从 A 流向 B，$u_{AB}$ 左正右负。由于电流超前电压，当 $t=t_1$ 时，电流 $i_d$ 为零，当 $t>t_1$ 时，电流反向。由于 $VT_2$、$VT_3$ 未导通，反向电流通过二极管 $VD_1$、$VD_4$ 续流，$VT_1$、$VT_4$ 承受反向电压而关断。当 $t=t_2$ 时，触发 $VT_2$、$VT_3$ 导通，负载两端电压极性反向，即 $u_{AB}$ 左负右正，$VD_1$、$VD_4$ 截止，电流从 $VT_2$、$VT_3$ 中流过。当 $t>t_3$ 时，电流再次反向，电流通过 $VD_2$、$VD_3$ 续流，$VT_2$、$VT_3$ 承受反向电压关断。当 $t=t_4$ 时，再触发 $VT_1$、$VT_4$。二极管导通时间 $t_\beta$ 即为晶闸管承受反向电压时间，要使晶闸管可靠关断，$t_\beta$ 应大于晶闸管关断时间 $t_q$。

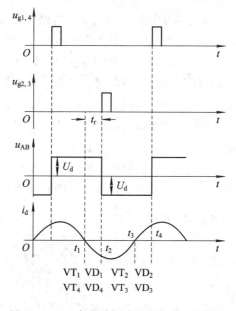

图 2-4-5　串联谐振式变频电路工作波形

# 任务五　三相变频电路

## 学习目标

◆ 了解三相变频电路的分类。
◆ 能够独立分析三相变频电路的工作原理和波形。

## 技能目标

◆ 通过特点能够区分电压型与电流型三相变频电路。
◆ 熟练掌握典型三相变频电路的工作方式。

三相逆变器广泛用于三相交流电动机变频调速系统中,它可由普通晶闸管组成,依靠附加换流环节进行强迫换流,也可由自关断电力电子器件组成,换流关断可以靠对器件的控制来实现,因此不需附加换流环节。

逆变器按直流侧的电源是电压源还是电流源可分为电压型逆变器和电流型逆变器。

(1) 电压型逆变器即直流侧是由电压源供电的(通常由可控整流输出接大电容滤波)。

(2) 电流型逆变器即直流侧是由电源源供电的(通常由可控整流输出经大电抗器 $L_d$ 对电流滤波)。

## 2.5.1　电压型三相变频电路

### 1. 电压型三相桥式变频电路

由 GTR(电力晶体管)组成的电压型三相桥式变频电路如图 2-5-1 所示。电路的基本工作方式是 180°导电方式,每个桥臂的主控管导通角为 180°,同一相上下两个桥臂主控管轮流导通,各相导通的时间依次相差 120°。导通顺序为 $VT_1 \rightarrow VT_2 \rightarrow VT_3 \rightarrow VT_4 \rightarrow VT_5 \rightarrow VT_6$,每隔 60°换相一次,由于每次换相总是在同一相上下两个桥臂管之间进行,因此称之为纵向换相。这种 180°导电的工作方式,在任一瞬间电路总有三个桥臂同时导通工作。顺序为:第①区间 $VT_1$、$VT_2$、$VT_3$ 同时导通;第②区间 $VT_2$、$VT_3$、$VT_4$ 同时导通;第③区间 $VT_3$、$VT_4$、$VT_5$ 同时导通,依次类推。在第①区间 $VT_1$、$VT_2$、$VT_3$ 导通时,电动机端线电压 $u_{UV}=0$,$u_{VW}=U_d$,$u_{WU}=-U_d$。在第②区间 $VT_2$、$VT_3$、$VT_4$ 同时导通,电动机端线电压 $u_{UV}=-U_d$,$u_{VW}=U_d$,$u_{WU}=0$,依次类推。若是上面的一个桥臂管与下面的两个桥臂管配合工作,这时上面桥臂负载的电压为 $\frac{2U_d}{3}$,而下面并联桥臂管的每相负载的相电压为 $-\frac{U_d}{3}$。若是上面两个桥臂管与下面一个桥臂配合工作,则此时三相负载的相电压极性和数值刚好相反,其输出波形如图 2-5-2 所示。

对 GTR 的控制要求:为防止同一相上下桥臂管同时导通而造成电源短路,对 GTR 的基极控制应采用"先断后通"的方法,即先给应关断的 GTR 基极以关断信号,待其关断后

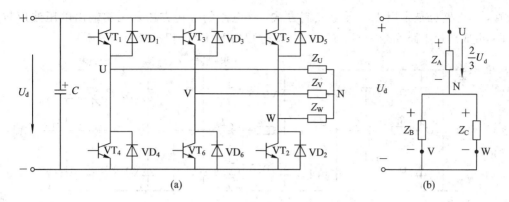

图 2-5-1 电压型三相桥式变频电路主电路

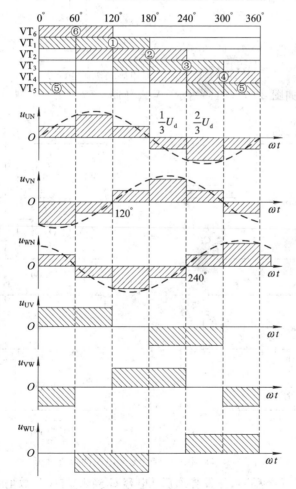

图 2-5-2 电压型三相桥式变频电路输出波形

再延时给应导通的 GTR 基极信号，即两者之间留有一个短暂的死区。

### 2. 三相串联电感式变频电路

目前应用的三相串联电感式逆变电路为强迫换流形式，如图 2-5-3 所示，它由普通晶闸管外加附加换流环节构成。各桥臂之间连接的电容是换流电容，$VD_1 \sim VD_6$ 为隔离二极管，本电路也是采用 120°导电控制方式，其电路的分析方法及三相输出电压波形与用 GTR 组成的逆电路完全相同。其强迫换流过程如下（以 U 相桥臂为例分析）

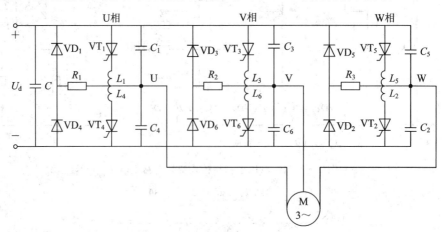

图 2-5-3　三相串联电感式逆变电路图

（1）导通工作：如图 2-5-4(a)所示，$VT_1$ 导通，$i_{VT1} = i_U$，$C_4$ 被充电至 $U_d$，极性为上正下负。

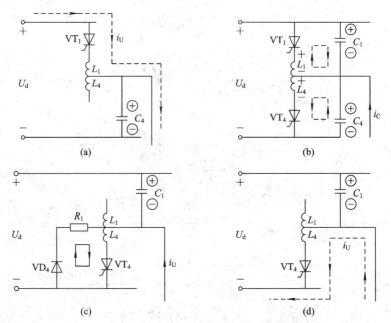

图 2-5-4　串联电感式变频电路的换流过程

（2）触发 $VT_4$ 换流：$VT_4$ 被触发导通后，电容 $C_4$ 经 $L_4$ 与 $VT_4$ 放电，忽略 $VT_4$ 压降，$C_4$ 电容电压瞬间全部加到 $L_4$ 两端，由于 $L_4$ 与 $L_1$ 全耦合，于是各感应电动势 $E_{L_4} = E_{L_1} = U_d$，极性为上正下负，如图 2-5-4(b)所示，电容 $C_1$ 上的电压来不及变化仍为零，迫使 $VT_1$ 承受反向电压而关断。$C_1$ 即被充电，$u_{C_1}$ 电压由零逐渐上升，$C_4$ 放电，$u_{C_4}$ 电压由 $U_d$ 逐渐下降，当 $u_{C_1} = u_{C_4} = U_d/2$ 时，$VT_1$ 不再受反向电压，$VT_1$ 必须在此期间恢复正向阻断状态，否则会造成换流失败。

（3）释放能量：$C_4$ 对 $L_4$ 与 $VT_4$ 放电，电流从 $i_{VT_4}$ 开始不断增加。当 $C_4$ 放电结束，$u_{C_4} = 0$ 时，$i_{VT_4}$ 达到最大值，并开始减小，此后 $L_4$ 开始释放能量，$u_{L_4}$ 极性为下正上负，使二极管 $VD_4$ 导通，构成了如图 2-5-4(c) 所示的让 $L_4$ 的磁场能量经 $VT_4$、$VD_4$ 和 $R_1$ 释放并被 $R_1$ 所消耗的情况。

（4）换流结束：当 $L_4$ 的磁场能量向 $R_1$ 释放消耗完毕后，$VD_4$ 关断，$VT_4$ 流过的电流为 U 相负载的反向电流，如图 2-5-4(d) 所示，换流过程结束。

改变逆变桥晶闸管的触发频率或者改变管子触发顺序（$VT_6 \rightarrow VT_5 \rightarrow VT_4 \rightarrow VT_3 \rightarrow VT_2 \rightarrow VT_1$），即能得到不同频率和不同相序的三相交流电，实现电动机的变频调速与正反转。

**3. 电压型变频电路的主要特点**

（1）直流侧并接有大电容，相当于恒压源，直流电压基本无脉动，直流回路呈现低阻抗状态。

（2）由于直流电压源的箝位作用，交流侧电压波形为矩形波，与负载阻抗角无关，而交流侧电流波形因负载阻抗角的不同而不同，其波形接近三角波或正弦波。

（3）当交流侧为电感性负载时需提供无功功率，直流侧电容起缓冲无功能量的作用。为了给交流侧向直流侧反馈能量提供通道，各臂都并联了续流二极管。

（4）变频电路从直流侧向交流侧传送的功率是脉动的，因直流电压无脉动，故功率的脉动是由直流电流的脉动来体现的。

（5）当变频电路的负载是电动机时，如果电动机工作在回馈制动状态，就必须向交流电源反馈能量。因直流侧电压方向不能改变，只能靠改变直流电流的方向来实现，这就需要给电路再反并联一套变频桥，这将使电路变得复杂。

## 2.5.2 电流型三相变频电路

**1. 电流型三相变频电路的工作原理**

图 2-5-5 给出了电流型三相桥式变频电路原理图。变频桥采用 IGBT（绝缘栅双极型晶体管）作为可控开关元件。

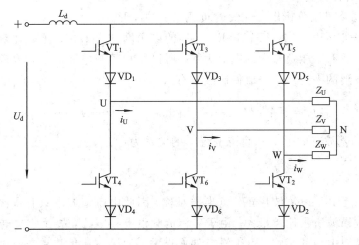

图 2-5-5 电流型三相桥式变频电路原理图

电流型三相桥式变频电路的基本工作方式是 120°导通方式，每个可控元件均导通 120°，与三相桥式整流电路相似，任意瞬间只有两个桥臂导通。导通顺序为 $VT_1 \sim VT_6$，依次相隔 60°，每个桥臂导通 120°。这样，每个时刻上桥臂组和下桥臂组中都各有一个臂导通。换流时，在上桥臂组或下桥臂组内依次换流，称为横向换流，所以即使出现换流失败，即出现上桥臂（或下桥臂）两个 IGBT 同时导通的时刻，也不会发生直流电源短路的现象，因此上、下桥臂的驱动信号之间不必存在死区。

下面分析各相负载电流的波形。设负载为星形连接，三相负载对称，中性点为 N，图 2-5-6 给出了电流型三相桥式变频电路的输出电流波形，为了分析方便，将一个工作周期分为六个区域，每个区域的电角度为 $\frac{\pi}{3}$。

（1）$0 < \omega t \leqslant \frac{\pi}{3}$，此时导通的开关元件为 $VT_1$、$VT_6$，电源电流通过 $VT_1$、$Z_U$、$Z_V$、$VT_6$ 构成闭合回路。负载上分别有电流 $i_U$、$i_V$ 流过，由于电路的直流侧串入了大电感 $L_d$，使负载电流波形基本无脉动，因此电流 $i_U$、$i_V$ 为方波输出，其中 $i_U$ 与如图 2-5-5 所示的参考方向一致为正，$i_V$ 与图示方向相反为负，负载电流 $i_W = 0$。在 $\omega t = \frac{\pi}{3}$ 时，驱动控制电路使 $VT_6$ 关断，$VT_2$ 导通，进入下一个时区。

（2）$\frac{\pi}{3} < \omega t \leqslant \frac{2\pi}{3}$，此时导通的开关元件为 $VT_1$、$VT_2$，电源电流通过 $VT_1$、$Z_U$、$Z_W$、$VT_2$ 构成闭合回路。形成负载电流 $i_U$、$i_W$ 为方波输出，其中 $i_U$ 与如图 2-5-5 所示的参考方向一致为正，$i_W$ 与图示方向相反为负，负载电流 $i_V = 0$。在 $\omega t = \frac{2\pi}{3}$ 时，驱动控制电路使 $VT_1$ 关断，$VT_3$ 导通，进入下一个时区。

（3）$\frac{2\pi}{3} < \omega t \leqslant \pi$，此时导通的开关元件为 $VT_2$、$VT_3$，电源电流通过 $VT_3$、$Z_V$、$Z_W$、$VT_2$ 构成闭合回路。形成负载电流 $i_V$、$i_W$ 为方波输出，其中 $i_V$ 与如图 2-5-5 所示的参考方向一致为正，$i_W$ 与图示方向相反为负，负载电流 $i_U = 0$。在 $\omega t = \pi$ 时，驱动控制电路使 $VT_2$ 关断，$VT_4$ 导通，进入下一个时区。

用同样的思路可以分析出 $\pi \sim 2\pi$ 时负载电流的波形。

由图 2-5-6 可以看出，每个 IGBT 导通的电角度均为 120°，任一时刻只有两相负载上有电流流过，总有一相负载上的电流为零，所以每相负载电流波形均是断续、正负对称的方波，将此波形的平均值展开成傅氏级数有：

$$I_0 = \frac{2\sqrt{3}I_d}{\pi}\left(\sin\omega t + \frac{1}{3}\sin 3\omega t + \frac{1}{5}\sin 5\omega t + \cdots\right) \qquad (2-7)$$

输出电流的基波有效值 $I_1$ 和直流电流 $I_d$ 的关系为：

$$I_1 = \frac{\sqrt{6}}{\pi}I_d = 0.78I_d \qquad (2-8)$$

由上式可以看出，电流波形正、负半周对称，因此电流谐波中只有奇次谐波，没有偶次谐波，以三次谐波所占比重最大。由于三相负载没有接零线，故无三次谐波电流流过电源，减少了谐波对电源的影响。由于没有偶次谐波，如果三相负载是交流电动机，对电动机的转矩也无影响。

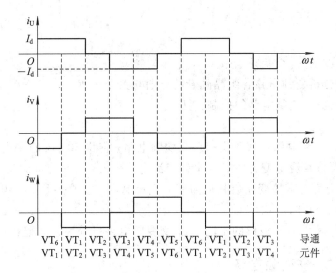

图 2-5-6　电流型三相桥式变频电路的输出电流波形

电流型三相桥式变频电路的输出电流波形与负载性质无关,输出电压波形由负载的性质决定,如果是感性负载,则负载电压的波形超前电流的变化,近似成三角波或正弦波。

同样,如果改变控制电路中一个工作周期 $T$ 的长度,则可改变输出电流的频率。

IGBT 具有开关特性好、开关速度快等特性,但它的反向电压承受能力很差,其反向阻断电压只有几十伏。为了避免它们在电路中承受过高的反向电压,图 2-5-5 中每个 IGBT 的发射极都串有二极管,即 $VD_1 \sim VD_6$。它们的作用是,当 IGBT 承受反向电压时,由于所串二极管同样也承受反向电压,二极管呈现反向高阻状态,相当于在 IGBT 的发射极串接了一个大的分压电阻,从而减小了 IGBT 所承受的反向电压。

**2. 电流型变频电路的主要特点**

(1) 直流侧串接有大电感,相当于恒流源,直流电流基本无脉动,直流回路呈现高阻抗状态。

(2) 由于各开关器件主要起改变直流电流流通路径的作用,故交流侧电流为矩形波,与负载性质无关,而交流侧电压波形因负载阻抗角的不同而不同。

(3) 直流侧电感起缓冲无功能量的作用,因电流不能反向,故可控器件不必反向并联二极管。

(4) 当变频电路的负载为电动机时,若变频电路中的交-直变换是可控整流,则可很方便地实现回馈制动,不需另加一套变频桥。

# 任务六　交-交变频电路

## 学习目标

◆ 了解交-交变频电路的基本过程。

◆ 类比交-交变频电路与交-直-交变频电路的控制方法。

**技能目标**

◆ 可分析典型的交-交变频电路。

◆ 能够独立分析变频电路各组晶闸管的导通与关断过程。

◆ 深刻掌握交-交变频电路的控制方法。

前面所介绍的变频电路均属于交-直-交变频电路，它将 50 Hz 的交流电先经整流电路变换为直流电，再将直流电变为所需频率的交流电。本任务将重点介绍交-交变频电路，它将 50 Hz 的工频交流电直接变换成其他频率的交流电，一般情况下输出频率均小于工频频率，这是一种直接变频的方式。

根据变频电路输出电压波形的不同，交-交变频电路可分为方波型和正弦波型两种。

### 2.6.1 方波型交-交变频电路

**1. 单相负载**

方波型交-交变频电路带单相负载的电路原理如图 2-3-2 所示，其工作方式参见 2-3-3 节内容。

**2. 三相负载**

三相方波型交-交变频电路的主电路如图 2-6-1 所示。它的每一相由两组反并联的三相零式整流电路组成，这种连接方式又称为公共交流母线进线方式。整流器 Ⅰ、Ⅲ、Ⅴ 为正组，Ⅳ、Ⅵ、Ⅱ 为反组。每个正组由 1、3、5 晶闸管组成，每个反组由 4、6、2 晶闸管组成。因此，变频电路中的换流应分为组与组之间换流和组内换流两种情况：

(1) 组与组之间的换流顺序为 Ⅰ、Ⅱ、Ⅲ、Ⅳ、Ⅴ、Ⅵ、Ⅰ。

(2) 组内换流的顺序为 1、2、3、4、5、6、1。

为了在负载上获得三相互差 $T/3$（$T$ 为输出电压的周期）的电压波形，任何时候都应有一正一负两组同时导通，所以每组导电时间也应为 $T/3$，并每隔 $T/6$ 换组一次。虽然同一时刻应有一个正组和一个反组同时导通，但不允许同一桥臂上的正、反组同时导通（例如 Ⅰ 组和 Ⅳ 组同时导通），否则将会造成电源短路。每组桥内晶闸管按 1、3、4、5、6、1 顺序换流，各组及组内导电次序如图 2-6-2 所示。

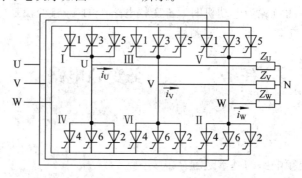

图 2-6-1 三相方波型交-交变频电路

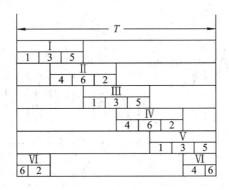

图 2-6-2　变频电路各组导通次序

先由图 2-6-2 来分析组与组之间的换流情况。假设在第一个 $T/3$ 的开始时刻，第 I 组开始导通，而第 Ⅵ 组已经通过了 $T/6$ 的时间，即此刻为第 I 组和第 Ⅵ 组同时导通。经过 $T/6$ 后，Ⅵ 组已导通了 $T/3$ 时间，所以开始换流，Ⅵ 组关闭，Ⅱ 组导通，此时是第 I 组和第 Ⅱ 组同时导通。再经过 $T/6$ 的时间，第 I 组已导通了 $T/3$ 的时间，又进行另一次换流，换为第 Ⅲ 组，此时是第 Ⅱ 组和第 Ⅲ 组同时导通。以此类推，其他各组的换流情况同上。为了保证任何时刻都有两组同时导通，换流只在导通的两组中的一组进行，一组导通 $T/6$ 后，另一组换流，不可能出现两组同时换流的现象。组与组之间的换流由控制电路中的选组脉冲实现。

再来分析每组桥内晶闸管的换流情况。由于此电路共由 18 个晶闸管组成，任何时候都应有两个晶闸管同时导通，因此在一个周期 $T$ 内，每个晶闸管导通的时间为 $T/9$，同组晶闸管之间的换流与组与组之间的换流情况相似，两个导通的晶闸管中，其中一个导通一半的时间，即 $T/18$ 的时间进行组内换流，所以每隔 $T/18$ 的时间换流一次。以第 I 组和第 Ⅱ 组导通时的情况为例来说明组内之间的换流情形。在 $T/6$ 时刻有 3、4 两个晶闸管导通，经过 $T/18$ 后，第 I 组组内换流，3 关断 5 导通，此时 4、5 晶闸管导通；再过 $T/18$，4 已导通了 $T/9$ 的时间，第 Ⅱ 组组内换流，4 关断，6 导通，此时为 5、6 导通。其他各组组内晶闸管的换流方式同上。组内各晶闸管的换流是由控制电路中的移相脉冲来实现的。

在电路中串接滤波电感，就形成电流源型变频电路。三相零式整流电路需 18 个晶闸管元件，若采用三相桥式接法，则需要 36 个晶闸管元件。

如图 2-6-3 所示为当控制角为 $\alpha$ 时三相零式连接的交-交变频电路晶闸管导通的次序及负载电流的波形。组与组之间的换流和组内晶闸管的换流顺序已做了说明，这里不再赘述。下面着重分析负载电流的波形。

以 U 相负载的波形为例来说明：由如图 2-6-1 所示电路可知，如果 U 相负载中有电流通过，必定是 I 组和其他各组配合导通或者是 Ⅵ 组和其他各组配合导通，所以由图 2-6-3 可以看出，在 I 组导通的 $T/3$ 时间内，U 相负载上有正相电流，且导通 $120°(T/3)$。由于 I～Ⅵ 组晶闸管依次各导通 $120°(T/3)$，又因为是电流源型变频电路，所以其他两相负载电流同 U 相一样，也是持续 $120°$ 的方波。

在每一个 $120°$ 的时间内，都实现了组内 1～6 晶闸管之间的换流，电源电流就正好变换一周。三个 $120°$ 的时间内，电源电流变换 3 周，所以电源频率是负载电流频率的 3 倍，即系统输出频率为电源频率的 1/3，电路实现了变频功能。

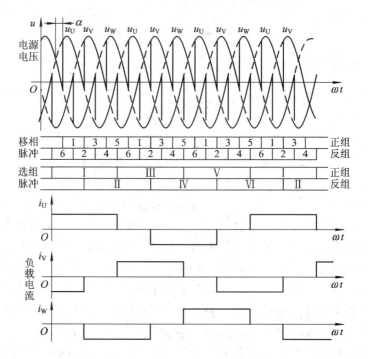

图 2-6-3　交-交变频电路导通次序放电流波形

上述电路中，由于输出电压为方波，其中含有较多谐波，对负载不利。为了克服这一缺点，可采用正弦波型交-交变频电路，使输出电压的平均值按正弦规律变化。

## 2.6.2　正弦波型交-交变频电路

### 1. 输出正弦波的调节方法

在如图 2-6-1 所示的交-交变频电路中，其输出电压在半个周期中的平均值取决于变频电路的控制角 $\alpha$。如果在半个周期中控制角 $\alpha$ 是固定不变的，则输出电压在半个周期中的平均值是一个固定值。如果在半个周期中使导通组变频电路的控制角 $\alpha$ 按如图 2-3-3 所示波形变化，由 $\pi/2$（A 点）逐渐减小到零（G 点），然后再逐渐由零增加到 $\pi/2$，即 $\alpha$ 角在 $\pi/2 \geqslant \alpha \geqslant 0$ 之间来回变化（分别为 B、C、D、E、F 各点），那么变频电路在半个周期中输出电压的平均值就从零变到最大再减小到零，可获得按正弦规律变化的平均电压。

### 2. 两组变频电路的工作状态

为了分析交-交变频电路的工作状态，可把变频电路视为一个理想交流电源与一个理想二极管相串联并构成反并联的电路，轮流向负载供电，如图 2-6-4(a) 所示，分析时略去输出电压、电流中的谐波。系统采用无环流工作方式，即一组变频电路工作时，另一组则被封锁。通常，负载是感性的，负载电压与电流的波形如图 2-6-4(b) 所示。功率因数角为 $\varphi$ 时，两组变频电路的工作状态是：在负载电流的正半周（$t_1 \sim t_3$），由于整流器的单向导电性，正组变频电路有电流流过，反组变频电路被阻断，在正组变频电路导通的 $t_1 \sim t_2$ 阶段，正组变频电路输出电压、电流都为正时，它工作在整流状态；而在 $t_2 \sim t_3$ 阶段，负载电流方向未改变，但输出电压方向却已变负，正组变频电路处于逆变状态；在 $t_3 \sim t_4$ 阶段，负载电路反向，正组变频电路阻断，反组变频电路工作，由于输出电压、电流均为负，故反组变频电路处于整流状态；在 $t_4 \sim t_5$ 阶段，电流方向未改变，但输出电压反向，反组变频电路处于逆变状态。

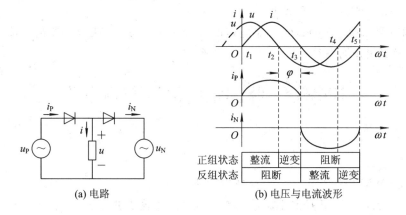

(a) 电路　　　　　　(b) 电压与电流波形

图 2-6-4　交-交变频电路

根据以上分析可以得出结论：哪组变频电路应导通是由电流的方向所决定的，而与电压的极性无关。对于感性负载，两组变频电路均存在整流和逆变两种工作状态。至于变频电路是工作在整流还是逆变状态，应视输出电压与电流是极性相同还是相反而定。实际变频电路输出电压波形由电源电压的若干片段拼凑而成，如图 2-6-5(a)所示。

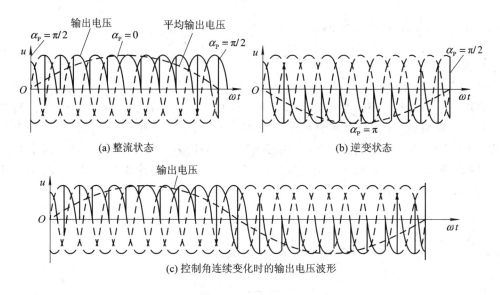

(a) 整流状态　　　　　　　　　　(b) 逆变状态

(c) 控制角连续变化时的输出电压波形

图 2-6-5　正组桥输出电压波形

变频电路在感性负载下工作时，正组桥和反组桥均存在整流和逆变两种工作状态，当控制角处于 $0 \leqslant \alpha \leqslant \pi/2$ 时，整流电压上部面积大于下部面积，平均电压为正，正组变频电路工作在整流状态；当 $\pi/2 \leqslant \alpha \leqslant \pi$ 时，整流电压上部面积小于下部面积，平均电压为负，正组变频电路工作在逆变状态。如图 2-6-5 所示给出了正组（共阴极）桥输出的电压波形，反组（共阳极）变频电路工作状态与正组相似。这样，负载上电压的波形就由正组整流、逆变和反组整流、逆变 4 种波形组合而成。

调节控制角 $\alpha$ 的深度，使 $\alpha$ 角由 $\pi/2$ 到 $\alpha > 0°$ 的某一值再回到 $\pi/2$ 连续变化，可方便地调节输出电压幅值。控制正、反组变频电路导通的频率可改变输出电压的频率。显然，这种电路的输出电压频率小于电源频率。

只要调节图 $2-6-5$ 中每组整流电路的控制角 $\alpha$ 由 $\pi/2$ 到 $\alpha > 0°$ 的某一值再回到 $\pi/2$ 连续变化，负载上就可获得三相正弦电压波形。

# 任务七　脉冲宽度调制变频电路

## 学习目标

◆ 比较 PWM 控制技术与传统控制技术的不同。
◆ 可分析典型 PWM 控制电路的工作过程并画出输出波形。

## 技能目标

◆ 对单极性与双极性 PWM 变频电路分别进行分析，比较输出波形的异同。
◆ 可独立完成三相 SPWM 电路输出波形的分析与绘制。

### 2.7.1　脉宽调制变频电路概述

**1. 脉宽调制变频电路的基本工作原理**

脉宽调制变频电路简称 PWM 变频电路，常采用电压型交-直-交变频电路的形式，其基本原理是利用控制变频电路开关元件的导通和关断时间比（即调节脉冲宽度）来控制交流电压的大小和频率。下面以单相 PWM 变频电路为例说明其工作原理：图 $2-7-1$ 为单相桥式 PWM 变频电路的主电路，由三相桥式整流电路获得一恒定的直流电压，四个全控型大功率晶体管 $VT_1 \sim VT_4$ 作为开关元件，二极管 $VD_1 \sim VD_4$ 是续流二极管，为无功能量反馈到直流电源提供通路。

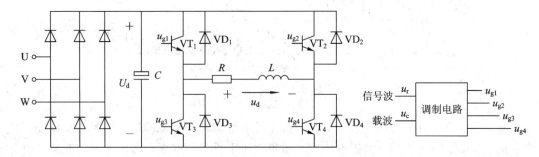

图 $2-7-1$　单相桥式 PWM 变频电路的主电路

当改变 $VT_1$、$VT_2$、$VT_3$、$VT_4$ 导通时间的长短和导通的顺序时，可得出如图 $2-7-2$ 所示不同的电压波形。图 $2-7-2(a)$ 为 $180°$ 导通型输出方波的电压波形，即 $VT_1$、$VT_4$ 组和 $VT_2$、$VT_3$ 组各导通 $T/2$ 的时间。

在正半周内，控制 $VT_1$、$VT_4$ 和 $VT_2$、$VT_3$ 轮流导通（同理在负半周内控制 $VT_2$、$VT_3$ 和 $VT_1$、$VT_4$ 轮流导通），则在 $VT_1$、$VT_4$ 和 $VT_2$、$VT_3$ 分别导通时，负载上分别获得正、负电压；在正半周 $VT_1$、$VT_4$ 不导通，负半周 $VT_2$、$VT_3$ 不导通时，负载上所得电压为零，如图 2-7-2(b)所示。

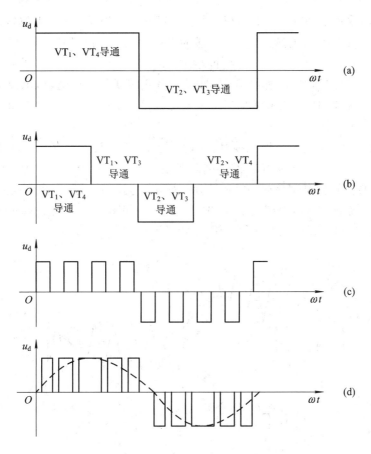

图 2-7-2　单相桥式 PWM 变频电路的几种电压输出波形

若在正半周，控制 $VT_1$、$VT_4$ 导通和关断多次，每次导通和关断时间分别相等（负半周则控制 $VT_2$、$VT_3$ 导通和关断），则负载上得到如图 2-7-2(c)所示的电压波形。

将以上这些波形分解成傅氏级数，可以看出，其中谐波成分均较大。

如图 2-7-2 所示波形是一组脉冲列，其规律是：每个输出矩形波电压下的面积接近于所对应的正弦波电压下的面积。这种波形被称为脉宽调制波形，即 PWM 波。由于它的脉冲宽度接近于正弦变化规律，故又称之为正弦脉宽调制波形，即 SPWM 波。

根据采样控制理论，脉冲频率越高，SPWM 波形便越接近于正弦波。变频电路的输出电压为 SPWM 波形时，其低次谐波可得到很好的抑制和消除，高次谐波又很容易滤去，从而可获得畸变率极低的正弦波输出电压。

由图 2-7-2(d)可看出，在输出波形的正半周，$VT_1$、$VT_4$ 导通时有输出电压，$VT_1$、$VT_3$ 导通时输出电压为零。因此，改变半个周期内 $VT_1$、$VT_4$ 和 $VT_2$、$VT_3$ 导通关断的时间比，即脉冲的宽度，即可实现对输出电压幅值的调节（负半周，调节半个周期内 $VT_2$、$VT_3$

和 $VT_1$、$VT_4$ 导通关断的时间比）。因 $VT_1$、$VT_4$ 导通时输出正半周电压，$VT_2$、$VT_3$ 导通时输出负半周电压，所以可以通过改变 $VT_1$、$VT_4$ 和 $VT_2$、$VT_3$ 交替导通的时间长短来实现对输出电压频率的调节。

**2. 脉宽调制的控制方式**

PWM 控制方式就是对变频电路开关器件的通断进行控制，使主电路输出端得到一系列幅值相等而宽度不相等的脉冲，用这些脉冲来代替正弦波或者其他需要的波形。从理论上讲，在给出了正弦波频率、幅值和半个周期内的脉冲数后，脉冲波形的宽度和间隔便可以准确计算出来，然后按照计算的结果控制电路中各开关器件的通断，就可以得到所需要的波形。但在实际应用中，人们常采用正弦波与等腰三角波调制的办法来确定各矩形脉冲的宽度和个数。

等腰三角波上下宽度与高度成线性关系且左右对称，当它与任何一个光滑曲线相交时，都可得到一组等幅而脉冲宽度正比该曲线函数值的矩形脉冲，这种方法称为调制方法。希望输出的信号为调制信号，用 $u_r$ 表示，把接受调制的三角波称为载波，用 $u_c$ 表示。当调制信号是正弦波时，所得到的便是 SPWM 波形，如图 2 - 7 - 3 所示。当调制信号不是正弦波时，也能得到与调制信号等效的 PWM 波形。

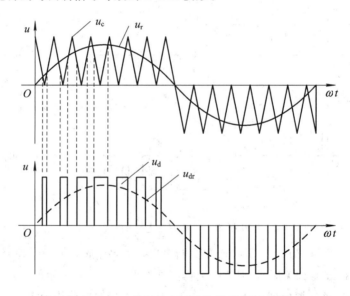

图 2 - 7 - 3　单极性 PWM 控制 SPWM 波形

## 2.7.2　单极性 PWM 变频电路

输出为单相电压时的电路称为单相 PWM 变频电路，该电路的原理图如图 2 - 7 - 1 所示：图中载波信号 $u_c$ 在信号波的正半周时为正极性的三角波，在负半周时为负极性的三角波，调制信号 $u_r$ 和载波 $u_c$ 的交点时刻控制变频电路中大功率晶体管 $VT_3$、$VT_4$ 的通断。各晶体管的控制规律如下：

（1）在 $u_r$ 的正半周期，保持 $VT_1$ 导通，$VT_4$ 交替通断：当 $u_r > u_c$ 时，使 $VT_4$ 导通，负载电压 $u_d = U_d$；当 $u_r \leqslant u_c$ 时，使 $VT_4$ 关断，由于电感负载中电流不能突变，负载电流将通过

VD$_2$续流，负载电压 $u_d = 0$。

（2）在 $u_r$ 的负半周期，保持 VT$_2$ 导通，VT$_3$ 交替通断：当 $u_r < u_c$ 时，使 VT$_3$ 导通，负载电压 $u_d = -U_d$；当 $u_r \geqslant u_c$ 时，使 VT$_3$ 关断，负载电流将通过 VD$_1$ 续流，负载电压 $u_d = 0$。

这样，便得到 $u_d$ 的 SPWM 波形，如图 2-7-3 所示，该图中 $u_{df}$ 表示 $u_d$ 中的基波分量。像这种在 $u_r$ 的半个周期内三角波只在一个方向变化，所得到的 PWM 波形也只在一个方向变化的控制方式称为单极性 PWM 控制方式。

调节调制信号 $u_r$ 的幅值可以使输出调制脉冲宽度作相应变化，这能改变变频电路输出电压的基波幅值，从而可实现对输出电压的平滑调节；改变调制信号 $u_r$ 的频率则可以改变输出电压的频率，即可实现电压、频率的同时调节。所以，从调节的角度来看，SPWM 变频电路非常适用于交流变频调速系统。

### 2.7.3 双极性 PWM 变频电路

与单极性 PWM 控制方式对应，另外一种 PWM 控制方式称为双极性 PWM 控制方式，其频率信号还是三角波，当基准信号是正弦波时，它与单极性正弦波脉宽调制的不同之处在于它们的极性随时间不断地正、负变化，如图 2-7-4 所示，不需要如上述单极性调制那样加倒向控制信号。

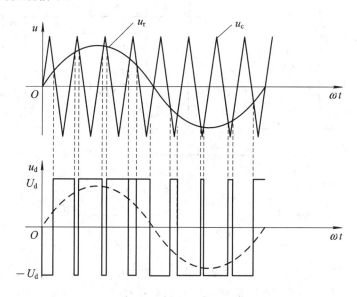

图 2-7-4　双极性 PWM 控制 PWM 波形

单相桥式变频电路采用双极性控制方式时，各晶体管控制规律如下：

在 $u_r$ 的正、负半周内，各晶体管控制规律与单极性控制方式相同，同样在调制信号 $u_r$ 和载波信号 $u_c$ 的交点时刻控制各开关器件的通断。

（1）在 $u_r$ 的正半周内，当 $u_r > u_c$ 时，晶体管 VT$_1$、VT$_4$ 导通，VT$_2$、VT$_3$ 关断，此时 $u_d = U_d$；当 $u_r < u_c$ 时，晶体管 VT$_2$、VT$_3$ 导通，VT$_1$、VT$_4$ 关断，此时 $u_d = -U_d$。

（2）在 $u_r$ 的负半周内，当 $u_r > u_c$ 时，晶体管 VT$_1$、VT$_4$ 导通，VT$_2$、VT$_3$ 关断，此时 $u_d = U_d$；当 $u_r < u_c$ 时，晶体管 VT$_2$、VT$_3$ 导通，VT$_1$、VT$_4$ 关断，此时 $u_d = -U_d$。

在双极性控制方式中，三角载波在正、负两个方向变化，所得到的 PWM 波形也在正、负两个方向变化，在 $u_r$ 的一个周期内，PWM 输出只有 $\pm U_d$ 两种电平，变频电路同一相上、下两臂的驱动信号是互补的。在实际应用时，为了防止上、下两个桥臂同时导通而造成短路，在给一个臂的开关器件加关断信号后，必须延迟 $\Delta t$ 时间，再给另一个臂的开关器件施加导通信号，即有一段四个晶体管都关断的时间。延迟时间 $\Delta t$ 的长短取决于功率开关器件的关断时间。需要指出的是，这个延迟时间将会给输出的 PWM 波形带来不利影响，使输出波形偏离正弦波。

### 2.7.4　三相桥式 PWM 变频电路

图 2-7-5 给出了电压型三相桥式 PWM 变频电路，其控制方式为双极性控制方式。U、V、W 三相的 PWM 控制共用一个三角波信号 $u_c$，三相调制信号 $u_{rU}$、$u_{rV}$、$u_{rW}$ 分别为三相正弦波信号，三相调制信号的幅值和频率均相等，相位依次相差 $120°$。U、V、W 三相的 PWM 控制规律相同。三相导通规律如下：

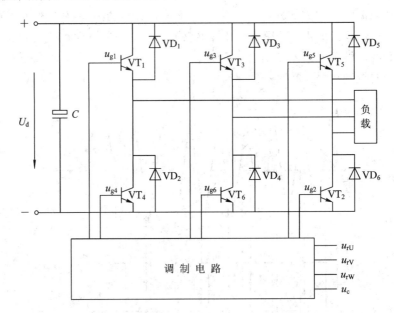

图 2-7-5　电压型三相桥式 PWM 变频电路

(1) U 相：当 $u_{rU} > u_c$ 时，$VT_1$ 导通，$VT_4$ 关断，$u_U = U_d$；当 $u_{rU} < u_c$ 时，$VT_1$ 关断，$VT_4$ 导通，$u_U = -U_d$。$VT_1$、$VT_4$ 的驱动信号始终互补。

(2) V 相：当 $u_{rV} > u_c$ 时，$VT_3$ 导通，$VT_6$ 关断，$u_V = U_d$；当 $u_{rV} < u_c$ 时，$VT_3$ 关断，$VT_6$ 导通，$u_V = -U_d$。$VT_3$、$VT_6$ 的驱动信号始终互补。

(3) W 相：当 $u_{rW} > u_c$ 时，$VT_5$ 导通，$VT_2$ 关断，$u_W = U_d$；当 $u_{rW} < u_c$ 时，$VT_5$ 关断，$VT_2$ 导通，$u_W = -U_d$。$VT_5$、$VT_2$ 的驱动信号始终互补。

三相正弦波脉宽调制波形如图 2-7-6 所示。由图可以看出，任何时刻始终都有两相调制信号电压大于载波信号电压，即总有两个晶体管处于导通状态，所以负载上的电压波形是连续的正弦波。

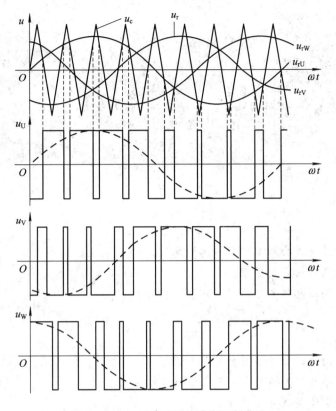

图 2-7-6 三相正弦波脉宽调制波形

# 习 题

**一、填空题**

1. GTR 和 IGBT 都属于（　　）器件。从控制方式看 GTR 属于（　　）控制型器件，而 IGBT 属于（　　）控制型器件。

2. 简述变频电路的作用。

3. 根据变频过程，变频电路可分为（　　）变频和（　　）变频。

**二、简答题**

1. 什么叫做换流？变频电路的常用换流方式有哪些？

2. 分别比较三相电压型和电流型变频电路，它们各自有哪些特点？

3. 说明 SPWM 控制的工作原理。

4. 简述大功率晶体管 GTR 和绝缘栅双极型晶体管 IGBT 的导通和截止条件。

5. 什么是 GTR 的二次击穿。

# 项目三　交流变换电路

## 学习目标

▲ 掌握双向晶闸管的基本结构和工作原理。

▲ 了解交流调压电路的原理。

▲ 掌握交流调压电路的分析与应用。

## 技能目标

▲ 学会对双向晶闸管特性进行测试与分析。

▲ 学会分析单相、三相交流调压电路的工作原理。

▲ 学会识读交流调压电路原理图。

# 任务一　双向晶闸管(TRIAC)

## 学习目标

◆ 掌握双向晶闸管的结构及其特性。

◆ 掌握双向晶闸管的工作原理。

## 技能目标

◆ 认识双向晶闸管的外形和引脚。

◆ 学会对双向晶闸管进行简易测试。

双向晶闸管(Triode AC Switch,简称 TRIAC)是在普通晶闸管基础上发展起来的,可以用一只双向晶闸管代替二只反并联晶闸管。因为晶闸管交流开关可以用普通晶闸管反并联组成,因而用双向晶闸管组成的交流开关电路,在调速、调光、控温等方面得到了广泛应用。

## 3.1.1　双向晶闸管的结构

双向晶闸管和普通晶闸管一样,从外形上看它也有塑料封装型、螺栓型和平板压接型等几种不同结构。塑料封装型元件的电流一般只有几安培。目前台灯调光、家用风扇调速多用此种形式；螺栓型元件的电流可做到几十安培；大功率双向晶闸管元件都采用平板压接型结构。

　　双向晶闸管元件的核心部分，是集成在一块硅单晶片上，相当于具有公共门极的一对反并联普通晶闸管，其结构如图 3-1-1 所示。其中 $N_4$ 区和 $P_1$ 区的表面用金属膜连通，构成双向晶闸管的一个主电极，此电极的引出线称为主端子，用 $T_2$ 表示，$N_2$ 区和 $P_2$ 区也用金属膜连通后引出接线端子，也称为主端子，用 $T_1$ 表示。$N_3$ 区和 $P_2$ 区的一部分用金属膜连通后引出接线端子称为公共门极，用 G 表示。

　　从外部看双向晶闸管有三个引出端，应注意的是门极和 $T_1$ 是从元件的同一侧引出的。元件的另一侧只有一个引出端即 $T_2$，其图形符号如图 3-1-2 所示。

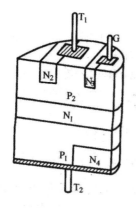

图 3-1-1　双向晶闸管的结构原理图

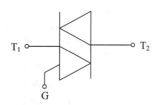

图 3-1-2　双向晶闸管图形符号

　　双向晶闸管的伏安特性与普通晶闸管伏安特性的不同点在于：双向晶闸管具有正、反向对称的伏安曲线。正向部分定义为第 Ⅰ 象限特性，反向部分定义为第 Ⅲ 象限特性，如图 3-1-3 所示。

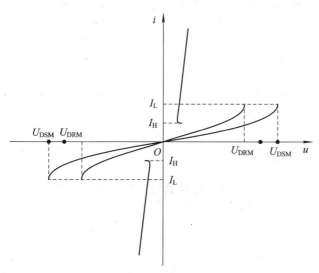

图 3-1-3　双向晶闸管伏安特性

### 3.1.2 双向晶闸管的型号及其主要参数

#### 1. 型号

与普通晶体管单向可控导电性不同，双向晶闸管具有双向可控导电性，即两个主电极之间无论承受什么极性的电压，只要门极与第二主电极 $T_2$ 之间加上一个触发电压就可使双向晶闸管导通。双向晶闸管的关断与普通晶闸管一样，只要第一主电极 $T_1$ 中通过的电流下降到维持电流以下，双向晶闸管即可关断并恢复阻断能力。根据标准，对双向晶闸管的型号作如下规定，如图 3-1-4 所示。

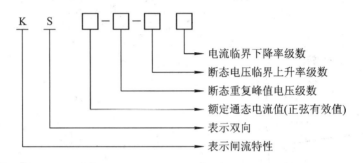

图 3-1-4 双向晶闸管的符号含义

如型号 KS 100-8-21，表示双向晶闸管的额定通态电流 100 A，断态重复峰值电压 8级（800 V），断态电压临界上升率（$du/dt$）2 级（不小于 200 V/$\mu$s），换向电流临界下降率（$di/dt$）1 级（不小于 $I_{T(RMS)}=1$ A/$\mu$s 有关 KS 型双向晶闸管元件的系列和级的划分如表 3.1、表 3.2、表 3.3 及表 3.4 所示。

表 3.1 系列与额定通态电流 $I_{T(RMS)}$（有效值）的规定

| 系列 | KS1 | KS10 | KS20 | KS50 | KS100 | KS200 | KS400 | KS500 |
|---|---|---|---|---|---|---|---|---|
| $I_{T(RMS)}$/A | 1 | 10 | 20 | 50 | 100 | 200 | 400 | 500 |

表 3.2 重复峰值电压 $U_{DRM}$ 的分级规定

| 等级 | 1 | 2 | 3 | 4 | 5 | 6 | 7 | 8 | 9 | 10 | 12 | 14 | 16 | 18 | 20 |
|---|---|---|---|---|---|---|---|---|---|---|---|---|---|---|---|
| $U_{DRM}$/V | 100 | 200 | 300 | 400 | 500 | 600 | 700 | 800 | 900 | 1000 | 1200 | 1400 | 1600 | 1800 | 2000 |

表 3.3 断态电压临界上升率的分级规定

| 等级 | 0.2 | 0.5 | 2 | 5 |
|---|---|---|---|---|
| $du/dt$ /(V·$\mu$s$^{-1}$) | ≥20 | ≥50 | ≥200 | ≥500 |

**表 3.4　换向电流临界下降率的分级规定**

| 等级 | 0.2 | 0.5 | 1 |
|---|---|---|---|
| $di/dt$ /(A·$\mu s^{-1}$) | $\geq 0.2\% I_{T(RMS)}$ | $\geq 0.5\% I_{T(RMS)}$ | $\geq 1\% I_{T(RMS)}$ |

## 2. 主要参数及其选择

双向晶闸管的主要参数与普通晶闸管的参数定义大都相同，但双向晶闸管额定电流的表示有所不同。由于双向晶闸管常用在交流电路中，正反向电流都可以流过，所以它的额定电流不是用平均值而是用有效值(方均根值)来表示。

双向晶闸管额定电流的定义为：在标准散热条件下，当器件的单向导通角大于 $170°$ 时，允许流过器件的最大交流正弦电流的有效值，用 $I_{T(RMS)}$ 表示。以 100 A(交流有效值)的双向晶闸管为例，其峰值为 $100A \times \sqrt{2} = 114$ A，而普通晶闸管的额定电流是用正弦半波的平均值表示的，一个峰值为 141 A 的正弦半波，它的平均值为 $141 A/\pi = 45$ A。所以一个 100 A 的双向晶闸管与两个 45 A 的普通晶闸管反并联的电流容量相同。双向晶闸管的主要参数列于表 3.5 中。

**表 3.5　KS 双向晶闸管元件主要参数**

| 系列 | 额定通态电流(有效值) $I_{T(RMS)}$ /A | 断态重复峰值电压(额定电压) $U_{DRM}$ /V | 断态重复峰值电流 $I_{DRM}$ /mA | 额定结温 $T_{jM}$ /℃ | 断态电压临界上升率 $du/dt$ /(V·$\mu s^{-1}$) | 通态电流临界上升率 $di/dt$ /(A·$\mu s^{-1}$) | 换向电流临界下降率 $(di/dt)c$ /(A·$\mu s^{-1}$) | 门极触发电流 $I_{GT}$ /mA | 门极触发电压 $U_{GT}$ /V | 门极峰值电流 $I_{GM}$ /A | 门极峰值电压 $U_{GM}$ /V | 维持电流 $I_H$ /mA | 通态平均电压 $U_{T(AV)}$ /V |
|---|---|---|---|---|---|---|---|---|---|---|---|---|---|
| KS1 | 1 | | <1 | 115 | ≥20 | — | | 3~100 | ≤2 | 0.3 | 10 | | |
| KS10 | 10 | | <10 | 115 | ≥20 | — | | 5~100 | ≤3 | 2 | 10 | | |
| KS20 | 20 | | <10 | 115 | ≥20 | — | ≥0.2% $I_{T(RMS)}$ | 5~200 | ≤3 | 2 | 10 | 实测值 | 上限值各厂由浪涌电流和结温的合格型实验决定并满足 |
| KS50 | 50 | 100~200 | <15 | 115 | ≥20 | 10 | | 8~200 | ≤4 | 3 | 10 | | |
| KS100 | 100 | | <20 | 115 | ≥50 | 10 | | 10~300 | ≤4 | 4 | 12 | | |
| KS200 | 200 | | <20 | 115 | ≥50 | 15 | | 10~400 | ≤4 | 4 | 12 | | |
| KS400 | 400 | | <25 | 115 | ≥50 | 30 | | 20~400 | ≤4 | 4 | 12 | | |
| KS500 | 500 | | <25 | 115 | ≥50 | 30 | | 20~400 | ≤4 | 4 | 12 | | |

为了保证交流开关的可靠运行，必须根据开关的工作条件，合理选择双向晶闸管的额定电流、断态重复峰值电压(铭牌额定电压)以及换向电压上升率。

### 1) 额定通态电流 $I_{T(RMS)}$ 的选择

双向晶闸管交流开关较多用于频繁起动和制动，对可逆运转的交流电动机，要考虑起动或反接电流峰值来选取器件的额定通态电流 $I_{T(RMS)}$。

2）额定电压 $U_{\mathrm{Tn}}$ 的选择

电压裕量通常取 2 倍，380 V 线路用的交流开关，一般应选 1000～1200 V 的双向晶闸管。

3）换向电压上升率 $\mathrm{d}u/\mathrm{d}t$ 的选择

电压上升率 $\mathrm{d}u/\mathrm{d}t$ 是重要参数，一些双向晶闸管的交流开关经常发生短路事故，主要原因之一是器件允许的 $\mathrm{d}u/\mathrm{d}t$ 太小。一般选 $\mathrm{d}u/\mathrm{d}t$ 为 200 V/$\mu$s。

双向晶闸管在使用时同时还应必须注意以下问题：

（1）门极触发灵敏度较低。

（2）不能反复承受较大的电压变化率，因而很难用于感性负载。由于双向晶闸管工作的交流电路中大多是感性负载，其电流的变化落后于电压的变化，也就是说，当电流下降到零时电源电压早已反向，相当于给电流刚刚降为零的晶闸管两端瞬间施加一阶跃反压，因此，其必须在电流为零的瞬间具有承受一定反向 $\mathrm{d}u/\mathrm{d}t$ 的能力，否则，它可能在反方向触发脉冲还未到来之前就在反向电压作用下误导通了。所以，若元件阻抗电压上升率 $\mathrm{d}u/\mathrm{d}t$ 能力不足时，应在双向晶闸管元件两端并联 RC 阻容吸收回路，以限制过大的 $\mathrm{d}u/\mathrm{d}t$。

（3）关断时间较长，因而只能应用在低频场合。这是因为双向晶闸管在交流电路中使用时，双向晶闸管两端承受正、反两个半波的电流和电压，当在一个方向导通结束时，管内载流子还来不及恢复到截止状态位置，若迅速承受反方向的电压，这些载流子产生的电流有可能作为器件反向工作的触发电流而误触发，使双向晶闸管失去控制能力而造成换流失败。为了防止双向晶闸管换向时失控，需在元件两端并接 RC 阻容保护电路，常取 $R=50\sim100\ \Omega$，$C=0.1\sim0.47\ \mu$F。

（4）无论是普通晶闸管还是双向晶闸管，在使用中晶闸管主电极间导通压降都不应超过 2 V，且负载功率超过 250 W 时就应安装散热盘。

在设计选型时，根据电路要求，计算相关元件参数，考虑安全裕量，查阅相关手册，选择合适器件。

### 3.1.3　双向晶闸管的工作原理

#### 1. 双向晶闸管触发方式

双向晶闸管两个方向都能导通，门极加正负信号都能触发，因此双向晶闸管有四种触发方式：

（1）$\mathrm{I}_+$ 触发方式：主端子 $\mathrm{T}_1$ 为正，$\mathrm{T}_2$ 为负，门极电压是 G 为正，$\mathrm{T}_2$ 为负，特性曲线在第 I 象限，为正触发。

（2）$\mathrm{I}_-$ 触发方式：主端子 $\mathrm{T}_1$ 为正，$\mathrm{T}_2$ 为负，门极电压是 G 为负，$\mathrm{T}_2$ 为正，特性曲线在第 I 象限，为负触发。

（3）$\mathrm{III}_+$ 触发方式：主端子 $\mathrm{T}_1$ 为负，$\mathrm{T}_2$ 为正，门极电压是 G 为正，$\mathrm{T}_2$ 为负，特性曲线在第 III 象限，为正触发。

（4）$\mathrm{III}_-$ 触发方式：主端子 $\mathrm{T}_1$ 为负，$\mathrm{T}_2$ 为正，门极电压是 G 为负，$\mathrm{T}_2$ 为正，特性曲线在第 III 象限，为负触发。

双向晶闸管四种触发方式的各电极极性与相关特性见表 3.6。

可以看出，其中 $\mathrm{III}_+$ 触发方式的灵敏度最低，尽量不用这种方式。

**表 3.6 四种触发方式的极性与相关特性**

| 触发方式 | | 第一主电极 $T_1$ 端极性 | 第二主电极 $T_2$ 端极性 | 门极极性 | 触发灵敏度（相对于 $I_+$ 触发方式） |
|---|---|---|---|---|---|
| 第 I 象限 | $I_+$ | + | — | + | 1 |
| | $I_-$ | + | — | — | 近似 1/3 |
| 第 III 象限 | $III_+$ | — | + | + | 近似 1/4 |
| | $III_-$ | — | + | — | 近似 1/2 |

**2. 双向晶闸管的触发电路**

双向晶闸管的常用控制方式有两种：第一种是移相触发，它和普通晶闸管一样，是通过控制触发脉冲的相位来达到调压的目的；第二种是过零触发，适用于调功电路及无触点开关电路。

已知对触发电路的基本要求是触发脉冲与主回路电压同步，能在设定时刻提供幅度、宽度和前沿陡度适当的脉冲。原则上能用于普通晶闸管电路的各种触发均可以用于双向晶闸管电路，但为了简化和改善触发电路的工作性能，双向晶闸管的触发往往采用一些特殊的触发器件。下面对比较常用的双向晶闸管触发电路分别做一些简单介绍。

1）本相电压强触发电路

这种触发方式主要用于双向晶闸管组成的交流开关，电路简单、工作可靠。电路如图3-1-5 所示。

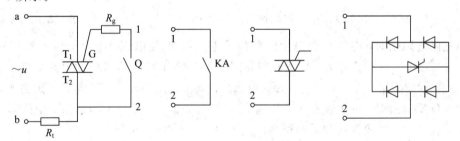

图 3-1-5 本相电压强触发方式

双向晶闸管的 $T_2$ 和 G 之间接上开关 Q，且串进一电阻 $R_g$。接通交流电源，开关 Q 闭合后 $T_1$、$T_2$ 之间的瞬时电压直接加至 $T_1$、G 之间，$T_1$、G 之间的电压将随电源电压上升而增大，触发电流也随之增大，一旦到达双向晶闸管的触发电流，双向晶闸管便导通。元件导通后，$T_1$ 与 $T_2$ 之间的电压即刻降至双向晶闸管的通态压降 $1 \sim 2$ V，从而使控制极不会受到主电压的威胁，具有自适应作用。当电源 b 端正，a 端负，双向晶闸管属 $I_+$ 触发方式；当 a 端正，b 端负，则属 $III_-$ 触发方式，因而本相电压强触发属于 $I_+$、$III_-$ 触发方式。

为限制触发电流，在控制极回路中往往串入限流电阻 $R_g$，其阻值可近似选为

$$R_g = \frac{U_{GM}}{I_{GM}} \qquad (3-1)$$

式中，$U_{GM}$ 表示双向晶闸管的 $T_2$ 与 G 之间的峰值电压，$I_{GM}$ 表示双向晶闸管控制极的允许峰值电流。$R_g$ 不能选的过大，因为限流电阻选的过大时，需要有较大的本相触发电压才能

使元件导通，因此元件的导通将滞后，负载波形"缺角"问题显著增加。实验表明，$R_g$ 取 20 ～150 Ω 为宜，对于一般双向交流开关，当外加电源电压较小时，$R_g$ 可取偏小值。在实际应用中，开关 Q 可根据不同使用环境和需要更换为继电器常开触点 KA 及小双向晶闸管和小晶闸管交流开关，以实现远距离控制和自动控制。

  2）双向触发二极管组成的触发电路

  双向触发二极管是三层结构的元件，如图 3-1-6(a)所示。这种元件的两个 P-N 结是对称的，因而具有对称的击穿特性，元件的击穿电压为 20～40 V，制造厂家在工艺上严格控制在 30 V 左右，或控制在某一要求值上。目前双向触发二极管已广泛应用于双向晶闸管的触发电路中，且有的电路中已经把双向触发二极管和双向晶闸管制作在一起，成为一个元件。双向触发二极管的符号及伏安特性如图 3-1-6(b)、(c)所示。双向触发二极管组成的触发电路如图 3-1-7 所示。

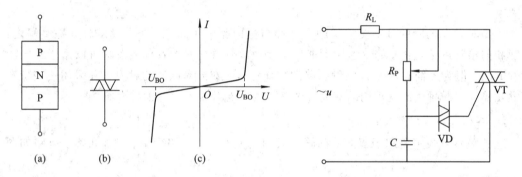

图 3-1-6  双向触发二极管及特性          图 3-1-7  双向触发二极管组成的触发电路

  当晶闸管阻断时，电容 C 由电源经负载及电位器 $R_p$ 充电。当电容电压 $u_c$ 达到一定值时，双向二极管 VD 转折导通，触发双向晶闸管 VT。VT 导通后将触发电路短路，待交流电压(电流)过零反相时，VT 自行关断。电源反向时，C 反向充电，充电到一定值时，触发二极管 VD 反向击穿，再次触发 VT 导通，属于 $I_+$、$III_-$ 触发方式。改变 $R_p$ 阻值即可改变正负半周控制角，从而在负载上可得到不同的电压。

  3）单结晶体管(UJT)组成的触发电路

  单结晶体管的原理前面已经介绍，用单结晶体管可以组成双向晶闸管的触发电路，如图 3-1-8 所示，可以看出这是 $I_-$、$III_-$ 触发方式。

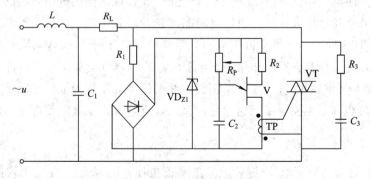

图 3-1-8  用单结晶体管组成的触发电路

4）用程控单结晶体管（PUT）组成的触发电路

程控单结晶体管（PUT）具有 P－N－P－N 的四层三端结构，如同普通晶闸管，二者的不同点在于普通晶闸管的门极是从 $P_2$ 区引出，而程控单结晶体管的门极则是从 $N_1$ 区引出，如图 3－1－9(a)所示，其符号如图 3－1－9(b)所示。PUT 的三个引出端分别称为阳极（A）、阴极（C）和门极（G）。

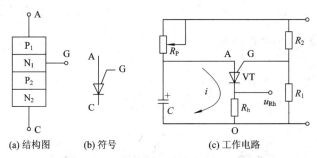

(a) 结构图　　(b) 符号　　(c) 工作电路

图 3－1－9　程控单结晶体管及工作原理

图 3－1－9(c)是 PUT 的典型工作电路，若 $R_1$ 和 $R_2$ 的阻值已经确定，那么门极电位也就确定了。PUT 导通与否就决定了 A 点电位高低。若 $V_A < V_D + V_G$，PUT 不导通（$V_D$ 为 $P_1$－$N_1$ 结的压降）；若 $V_A > V_D + V_G$，PUT 就被触发导通。PUT 一旦导通，门极 G 即失去控制，电容 C 放电，在 $R_h$ 上有 $u_{Rh}$ 输出，当放电电流小于 PUT 的维持电流时，PUT 关断，电容 C 再通过电源 $A－R_P－C－O$ 充电，到 $V_A > V_D + V_G$ 再导通，形成振荡。

PUT 的振荡周期为

$$T = RC \ln\left(\frac{1}{1-\eta}\right) \tag{3-2}$$

式中，$\eta$ 表示分压比，其值为

$$\eta = \frac{R_1}{R_1 + R_2} \tag{3-3}$$

由于电阻 $R_1$ 和 $R_2$ 是外接的，因而可以通过改变 $R_1$ 和 $R_2$ 的阻值来改变分压比，达到改变输出电压的振荡周期、输出脉冲幅值的目的。

与单结晶体管 UJT 相比，PUT 的输出脉冲电压上升快、导通电阻小，所以能够输出频率和幅值都高的脉冲，此脉冲可以直接用来触发大功率晶闸管或大功率双向晶闸管。图 3－1－10 为用 PUT 组成的电池充电电路。

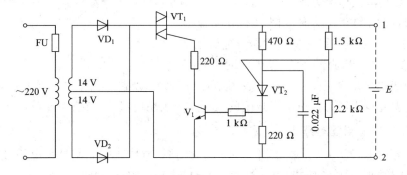

图 3－1－10　PUT 组成的电池充电电路原理图

此充电电路的特点有两个，其一是当电池接到1、2端上时，电路即可工作，给电池充电；其二是不接电池时，充电器无输出电压，比较安全。

当电池接到1、2端上时，利用电池的剩余电荷，PUT组成的振荡器工作，驱动晶体管 $V_1$ 触发双向晶闸管 $VT_1$，电路便给电池充电；当电池接反时，电路不工作，也无其它危险。

随着电子工业的发展，集成电路在各种电子产品的应用场合都得到越来越多的使用。双向晶闸管的触发电路也出现了用集成触发器组成的触发电路，在此不再赘述。

### 3.1.4 双向晶闸管的简易测试

#### 1. 双向晶闸管电极的判定

一般可先从元器件外形识别引脚排列，如图3-1-11所示。

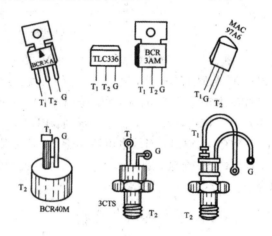

图3-1-11 常见双向晶闸管引脚排列图

多数的小型塑封双向晶闸管，面对印字面，引脚朝下，则从左向右的排列顺序依次为主电极1、主电极2、控制极（门极）。但是有时也有例外，所以应该通过检测做出判别。用万用表的 $R \times 100$ Ω挡或 $R \times 1$ kΩ挡测量双向晶闸管的两个主电极之间的电阻，如图3-1-12所示。无论表笔的极性如何，读数均应近似无穷大。而控制极（门极）G与主电极 $T_1$ 之间的正、反向电阻只有几十欧至 100 Ω。根据这一特性，很容易通过测量电极之间电阻大小的方法，识别出双向晶闸管的主电极 $T_2$，同时黑表笔接主电极 $T_1$，红表笔接控制极（门极）G所测得的正向电阻总是要比反向电

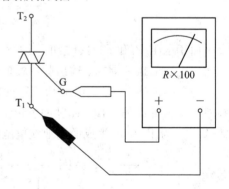

图3-1-12 测量 G、$T_1$ 间的正向电阻

阻小一些，据此也很容易通过测量电阻的大小来识别主电极 $T_1$ 和控制极 G。

#### 2. 判定双向晶闸管的好坏

（1）将万用表置于 $R \times 100$ Ω挡或 $R \times 1$ kΩ挡，测量双向晶闸管主电极 $T_1$ 和主电极 $T_2$ 之间的正、反向电阻近似无穷大，测量主电极 $T_2$ 与控制极（门极）G之间的正、反向电阻也应近似无穷大。如果测得的电阻都很小，则说明被测双向晶闸管的极间已击穿或漏电短

路，性能不良，不宜使用。

（2）将外用表置于 $R\times1$ Ω 挡或 $R\times10$ Ω 挡，测量双向晶闸管主电极 $T_1$ 与控制极（门极）G 之间的正、反向电阻，若读数在几十欧至 $100$ Ω，则为正常，且测量 G、$T_1$ 极间正向电阻时读数要比反向电阻稍微小一些，如果测得 G、$T_1$ 极间的正、反向电阻均为无穷大，则说明被测双向晶闸管已开路损坏。

**3. 双向晶闸管触发特性测试**

1）简易测试方法

对于工作电流为 $8$ A 以下的小功率双向晶闸管，也可以用更简单的方法测量其触发特性。具体操作如下：

① 将万用表置于 $R\times1$ Ω 挡。将红表笔接主电极 $T_1$，黑表笔接主电极 $T_2$。然后用金属镊子将 $T_2$ 与 G 极短路一下，即给 G 极输入正极性触发脉冲，如果此时万用表的指示值由无穷大（∞）变为 $10$ Ω 左右，说明晶闸管被触发导通，导通方向为 $T_1\rightarrow T_2$。

② 万用表仍用 $R\times1$ Ω 挡。将黑表笔接主电极 $T_1$，红表笔接主电极 $T_2$，然后用金属镊子将 $T_2$ 与 G 极短路一下，即给 G 极输入负极性触发脉冲，这时万用表指示值若由无穷大（∞）变为 $10$ Ω 左右，说明晶闸管被触发导通，导通方向为 $T_1\rightarrow T_2$。

③ 在晶闸管被触发导通后即使 G 极不再输入触发脉冲（如 G 极悬空），应仍能维持导通，这时导通方向为 $T_1\rightarrow T_2$。

④ 因为在正常情况下，万用表低阻测量挡的输出电流大于小功率晶闸管维持电流，所以晶闸管被触发导通后如果不能维持低阻导通状态，不是由于万用表输出电流太小，而是说明被测的双向晶闸管性能不良或已经损坏。

⑤ 如果给双向晶闸管的 G 极一直加上适当的触发电压后仍不能导通，说明该双向晶闸管已损坏，无触发导通特性。

2）交流测试方法

对于耐压 $400$ V 以上的双向晶闸管，可以在 $220$ V 工频交流条件下进行测试，测试电路如图 3-1-13 所示。

在正常情况下，开关 S 闭合时晶闸管 VT 即被触发导通，白炽灯 EL 正常发光；S 断开时 VT 关断，EL 熄灭。具体点说，在 $220$ V 交流电的正半轴时，$T_2$ 极为正，$T_1$ 极为负，S 闭合时 G 极通过电阻 R 受到相对 $T_1$ 的正触发，则 VT 沿 $T_2$ →$T_1$ 方向导通；在 $220$ V 交流电的负半轴时，$T_1$ 极为正，$T_2$ 极为负，S 闭合时 G 极通过电阻 R 受到相对 $T_1$ 的负触发，则 VT 沿 $T_1$ → $T_2$ 方向导通。VT 如此交换方向导通的结果，使白炽灯 EL 有交流电流通过而发光。

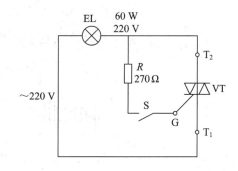

图 3-1-13　双向晶闸管交流测试电路

交流测试法具体操作说明如下：

① 按图 3-1-13 所示，在不通电的情况下正确连接好线路，置于断开位置（开关耐压不小于 $250$ V，绝缘良好）。

② 接入 220 V 交流电源，这时双向晶闸管 VT 应处于关断状态，白炽灯 EL 应不亮；如果 EL 轻微发光，说明主电极 $T_2$、$T_1$ 之间漏电流大，器件性能不好；如果 EL 正常发光，说明主电极 $T_2$、$T_1$ 之间已经击穿短路，该器件已彻底损坏。

③ 接入 220 V 交流电源后，如果白炽灯 EL 不亮，则可继续做以下实验：将开关 S 闭合，这时双向晶闸管 VT 应立即导通，白炽灯 EL 正常发光。如果 S 闭合后 EL 不发光，说明被测双向晶闸管内部受损导致断路，无触发导通能力。

# 任务二  交流调压电路

## 学习目标

◆ 掌握交流调压电路的原理。
◆ 掌握单相、三相交流调压电路的分析及应用。

## 技能目标

◆ 学会分析单相、三相交流调压的工作原理。
◆ 学会识读单相、三相交流调压应用原理图。

交流调压电路的作用是将一定频率和电压的交流电转换为频率不变、电压可调的交流电。现以单相交流调压电路为例来说明晶闸管的控制方式，其调压电路如图 3-2-1 所示，控制方法有三种：

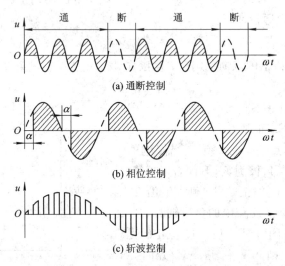

图 3-2-1  交流调压电路控制方式

### 1. 通断控制

通断控制是在交流电压过零时刻导通或关断晶闸管，使负载电路与交流电源接通几个周波，然后再断开几个周波，通过改变导通周波数与关断周波数的比值，实现调节交流电压大小的目的，如图 3-2-1(a)所示。

加通断控制时输出的电压波形基本为正弦，无低次弦波，但由于输出电压时有时无，电压调节不连续。如用于异步电机调压调速，会因电机经常处于重合闸过程而出现大电流冲击，所以一般很少使用。有时通断控制应用于电炉调温等交流功率调节的场合，这种通断控制方式也被称为交流调功。

**2. 相位控制**

与可控整流的移相触发控制相似，在交流的正半轴时触发导通正向晶闸管，负半轴时触发导通反向晶闸管，且保持两晶闸管的移相角相同，以保证向负载输出正负半轴对称的交流电压波形，如图 3-2-1(b) 所示。

相位控制方法简单，能连续调节输出电压大小，但输出电压波形非正弦，含有丰富的低次弦波，在异步电机调压调速应用中会引起附加谐波损耗、产生脉动转矩等。

**3. 斩波控制**

斩波控制是利用脉宽调制技术将交流电压波形分割成脉冲列，改变脉冲的占空比即可调节输出电压大小，如图 3-2-1(c) 所示。

斩波控制输出电压大小可连续调节，谐波含量小，基本上克服了相位及通断控制的缺点。由于斩波控制的调压电路半周内需要实现较高频率的通、断，不能采用普通的晶闸管，必须采用高频自关断器件，如 GTR、GTO、MOSFET、IGBT 等。

实际应用中，相位控制的晶闸管型交流调压电路应用最广。

## 3.2.1 单相交流调压电路

交流调压广泛用于工业加热、灯光控制、异步电动机调压、调速以及电焊、电解、电镀、交流侧调压等场合。与整流相似，交流调压也有单相和三相之分。单相交流调压用于小功率调节，普遍用于民用电气控制。单相交流调压电路可以用两只普通晶闸管反并联实现，也可以用一只双向晶闸管实现，因双向晶闸管线路简单，成本低，所以用得越来越多。

**1. 电阻性负载**

图 3-2-2 为单相交流调压电路输出电压 $u_o$、输出电流 $i_o$ 的电路及波形。

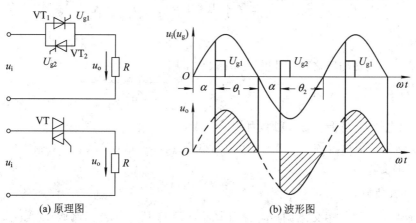

(a) 原理图　　　　　　　　　　(b) 波形图

图 3-2-2 带电阻性负载的单相交流调压电路及波形

由图可见，在电源电压 $u_i$（$u_i=\sqrt{2}\sin\omega t$ V）的正半波，晶闸管 VT$_1$ 和 VT$_2$ 反并联连接或采用双向晶闸管 VT 与负载电阻 R 串联，当 $\omega t=\alpha$ 时，触发 VT$_1$，VT$_2$ 导通，负载上有电流 $i_o$ 通过，电阻得电，输出电压 $u_o=u_i$；当 $\omega t=\pi$ 时，电源电压 $u_i$ 过零，$i_o=0$，VT$_1$ 自行关断，$u_o=0$。在电源电压 $u_i$ 的负半波，当 $\omega t=\pi+\alpha$ 时，触发 VT$_2$ 导通，负载电阻得电，$u_o$ 变为负值；在 $\omega t=2\pi$ 时，$i_o=0$，VT$_2$ 自行关断，$u_o=0$。若正负半轴以同样的触发延迟角 $\alpha$ 触发 VT$_1$ 和 VT$_2$，则负载电压有效值可以随 $\alpha$ 而改变，实现交流调压，负载电阻上得到缺角的交流电压波形，由于是电阻性负载，所以负载电路电流波形和加在电阻上的电压波形相同。

正负半周 $\alpha$ 起始时刻（$\alpha=0$）均为电压过零时刻，稳态时，正负半周的 $\alpha$ 相等。两只晶闸管的触发延迟角 $\alpha$ 应保持 180° 的相位差，使输出电压不含直流成分。

以下为相关主要电学量的计算：

1）输出电压有效值 $U_o$ 与输出电流有效值 $I_o$

负载电阻 R 上的电压有效值 $U_o$ 与触发延迟角 $\alpha$ 之间的关系为

$$U_o = \sqrt{\frac{1}{\pi}\int_\alpha^\pi (\sqrt{2}\,U_i\,\sin\omega t)^2\,\mathrm{d}(\omega t)} = U_i\sqrt{\frac{1}{2\pi}\sin2\alpha + \frac{\pi-\alpha}{\pi}} \tag{3-4}$$

（2）输出电流有效值 $I_o$ 为

$$I_o = \frac{U_o}{R} \tag{3-5}$$

其中 $U_i$ 为输入交流电压的有效值。

从式（3-4）中可以看出，随着 $\alpha$ 的增大，$U_o$ 逐渐减小，当 $\alpha=0$ 时，输出电压有效值最大，$U_o=U_i$；当 $\alpha=\pi$ 时，$U_o=0$。因此，单相交流调压电路带电阻性负载时，其电压的输出调节范围为 $0\sim U_i$，触发延迟角 $\alpha$ 的移相范围为 $0\sim\pi$。

2）晶闸管的电流有效值

对于双向晶闸管，电流有效值为

$$I_T = I_o \tag{3-6}$$

对于普通晶闸管，电流有效值为

$$I_T = \sqrt{\frac{1}{2\pi}\int_\alpha^\pi \left(\frac{\sqrt{2}U_i\,\sin\omega t}{R}\right)^2\,\mathrm{d}(\omega t)} = \frac{U_i}{R}\sqrt{\frac{1}{4\pi}\sin2\alpha + \frac{\pi-\alpha}{2\pi}} \tag{3-7}$$

3）功率因数 $\lambda$

有功功率与视在功率之比定义为功率因数 $\lambda$，则

$$\lambda = \frac{P}{S} = \frac{U_o I_o}{U_i I_o} = \frac{U_o}{U_i} = \sqrt{\frac{1}{2\pi}\sin2\alpha + \frac{\pi-\alpha}{\pi}} \tag{3-8}$$

$\alpha$ 越大，输出电压 $U_o$ 越低，输入功率因数 $\lambda$ 越低。

同时，通过波形可看到，输出的电压虽是交流，但不是正弦波，含有较大的奇次谐波，波形产生了畸变。

**2. 电感性负载**

带电感性负载的单相交流调压电路如图 3-2-3 所示。当交流调压器的负载是电动机、变压器一次绕组等电感性负载时，晶闸管的工作情况与具有电感性负载的整流情况相似。在电阻性负载中，交流电源电压过零时，晶闸管中电流也为零，晶闸管关断，也就是晶

闸管在交流电压的过零点关断，而若负载中含有电感成分，当电源电压过零时，由于电路的自感电动势的作用，晶闸管中电流（负载电流）的过零时刻将滞后于电压过零时刻。交流电压过零时，晶闸管不会关断，而要滞后一段时间，滞后时间的长短，如果用电角度表示，应等于负载的功率因数角。这种关断的滞后现象对交流调压器工作将产生很大影响。此时，晶闸管的导通角 $\theta$，不但与触发延迟角 $\alpha$ 相关，而且与负载阻抗角 $\varphi$ 有关，阻抗角 $\varphi = \arctan\left(\dfrac{\omega L}{R}\right)$。现在分别就 $\alpha > \varphi$、$\alpha = \varphi$、$\alpha < \varphi$ 三种情况来讨论单相调压电路的工作情况。

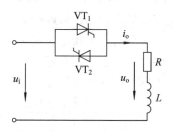

图 3-2-3 带电感性负载的单相交流调压电路及波形

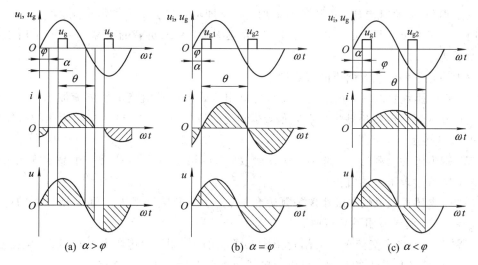

图 3-2-4 带电感性负载的电路波形

（1）当 $\alpha > \varphi$ 时可以判断出导通角 $\theta < 180°$，当电路中电感储能释放完毕时，管子电流到零关断，其负载电流正负半波断续。负载电流与电压波形如图 3-2-4(a)所示，此时电路工作于周期性的过渡状态，晶闸管每导通一次，就出现一次过渡过程，且相邻两次的过渡过程完全一样，这就是电路的稳定工作状态。$\alpha$ 越大，$\theta$ 越小，波形断续严重。

（2）当 $\alpha = \varphi$ 时可以计算出每个晶闸管的导通角 $\theta = 180°$。此时，每个晶闸管轮流导通 $180°$，相当于两个晶闸管轮流被短接。电流的正、负半周连续，直接进入稳态值，电流是完整的正弦波。负载上获得最大的功率，此时，电流波形滞后电压波形 $\alpha$，如图 3-2-4(b)所示。

（3）当 $\alpha < \varphi$ 时电源接通后，在电源的正半周，如果先触发 $VT_1$，可判断出它的导通角 $\theta > 180°$。如果采用窄脉冲触发，当 $VT_1$ 的电流下降为零而关断时，$VT_2$ 的门极脉冲已经消失，$VT_2$ 无法导通。到了下一周期，$VT_1$ 又被触发导通重复上一周期的工作，结果形成单相半波整流现象，回路中出现很大的直流电流分量，无法维持电路的正常工作。回路的直流分量会造成变压器、电动机等负载的铁心饱和，甚至烧毁线圈及熔断器、晶闸管等，使电路不能正常工作。为了解决上述失控现象，可采用宽脉冲触发。当 $VT_1$ 关断时，$VT_2$ 的触发脉冲 $U_{g2}$ 仍然存在，$VT_2$ 将导通，电流反向流过负载。这种情况下，$VT_2$ 的导通总是在 $VT_1$ 的关断时刻，而与 $\alpha$ 的大小无关。同样的原因，$VT_1$ 的导通时刻，正是 $VT_2$ 的关断时刻，也与 $\alpha$ 无关。在这种控制条件下，$VT_1$ 和 $VT_2$ 将不受 $\alpha$ 变化的影响，连续轮流导通。虽然在刚开始触发晶闸管的几个周期内，两个晶闸管的电流波形是不对称的，但从第二周期开始，由于 $VT_2$ 的关断时刻向后移，$VT_1$ 的导通角逐渐减小，$VT_2$ 的导通角逐渐增大，直到两个晶闸管的导通角 $\theta = 180°$ 时达到平衡。负载电流就能得到完全对称连续的波形。如图 3-2-4(c) 所示。交流电源将始终加在负载上，负载电压是一个完整的正弦电压，其大小等于电源电压 $U_i$。负载电流也是完整的正弦电流，其大小为

$$I_o = \frac{U_i}{\sqrt{R^2 + (\omega L)^2}} \tag{3-9}$$

根据以上分析，当 $\alpha \leqslant \varphi$ 并采用宽脉冲触发时，负载电压、电流总是完整的正弦波，改变触发延迟角 $\alpha$，负载电压、电流的有效值不变，即电路失去交流调压作用。因此在电感性负载时，要实现交流调压的目的，则最小触发延迟角 $\alpha = \varphi$（负载的功率因数角），所以 $\alpha$ 的移相范围为 $\varphi \sim 180°$。

综上所述，单相交流调压的特点如下：

(1) 带电阻性负载时，负载电流波形与单相桥式可控整流交流侧电流波形一致，改变触发延迟角 $\alpha$ 可以改变负载电压有效值，达到交流调压的目的。单相交流调压的触发电路完全可利用整流触发电路。

(2) 带电感性负载时，不能用窄脉冲触发，否则当 $\alpha < \varphi$ 时会出现一个晶闸管无法导通的现象，电流出现很大的直流分量。

(3) 带电感性负载时，最小触发延迟角为 $\alpha_{min} = \varphi$（负载功率因数角），所以 $\alpha$ 的移相范围为 $\varphi \sim 180°$，而带电阻性负载时移相范围为 $0 \sim 180°$。

**例题 3-1** 一个交流单相晶闸管调压电路，用以控制送至电阻 $R = 0.23\ \Omega$、电抗 $\omega L = 0.23\ \Omega$ 的电感性负载上的功率。设电源电压有效值 $U_1 = 230\ V$。试求：

(1) 移相控制范围。

(2) 负载电流最大有效值。

(3) 最大功率和功率因数。

**解** (1) 移相控制范围：

当输出电压为零时，$\theta = 0°$，$\alpha = \alpha_{max} = \pi$；

当输出电压最大时，$\theta = 180°$，$\alpha = \alpha_{max} = \varphi_L = \arctan(0.23/0.23) = \pi/4$，故 $\pi/4 \leqslant \alpha \leqslant \pi$。

(2) 负载电流最大有效值 $I_{omax}$：

当 $\alpha = \varphi_L$，电流连续，为正弦波，则

$$I_{omax} = \frac{U_1}{\sqrt{R^2 + (\omega L)^2}} = \frac{230}{\sqrt{(0.23)^2 + (0.23)^2}} = 707\ A$$

(3) 最大功率和功率因数：

$$P_{omax} = I_{omax}^2 R = (707)^2 \times 0.23 = 115 \times 10^3\ W$$

$$(\cos\varphi)_{\text{max}} = \frac{P_{\text{omax}}}{U_1 I_{\text{omax}}} = \frac{115 \times 10^3}{230 \times 707} = 0.707$$

## 3.2.2 三相交流调压电路

单相交流调压适用于单相负载。如果单相负载容量过大，就会造成三相不平衡，影响电网供电质量，因而容量较大的负载大多采用三相交流调压电路。想要适应三相负载要求，就需要三相交流调压。

### 1. 三相全波星形连接调压电路

在实际应用中，三相全波星形连接的调压电路应用较为广泛。用 6 只普通晶闸管进行反并联或者用 3 只双向晶闸管作为开关器件，分别接至负载就构成了三相调压电路。负载可以是星形连接也可以是三角形连接，采用普通晶闸管反并联三相全波星形连接的调压电路如图 3 - 2 - 5 所示。

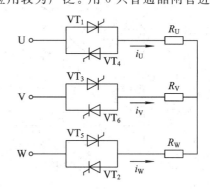

对于这种不带中性线的调压电路，为使三相电流构成通路，使电流连续，任何时刻至少要有两个晶闸管同时导通。为了改变电压，需要对触发脉冲的相位进行控制，即改变触发延迟角 $\alpha$。为使 $\alpha = 0$ 时，负载上能得到全电压，则触发延迟角 $\alpha$ 是

图 3 - 2 - 5　三相全波星形连接的调压电路

以每相相电压的零点作为起始点，这与整流和逆变电路不同。但三相交流调压触发电路与三相桥式全控整流电路的触发电路类似，为此对触发电路的要求是：

（1）三相晶闸管 $VT_1$、$VT_3$ 与 $VT_5$ 的触发脉冲依次间隔 120°，而同一相 2 只晶闸管的触发脉冲间隔 180°，即 6 只晶闸管 $VT_1 \sim VT_6$ 的触发脉冲依次间隔 60°。

（2）为了保证电路开始工作时两相能同时导通，以及在电感性负载和触发延迟角较大时仍能保持两相同时导通，和三相全控桥式整流电路一样，要求采用间隔为 60°的双窄脉冲或大于 60°的宽脉冲触发。

（3）为了保证输出三相电压对称可调，应保持触发脉冲与电源电压同步。

下面仅以电阻性负载为例分析三相全波星形连接调压电路 U 相负载上的电压波形，V 相与 W 相负载电压波形形状与其一样，相位依次相差 120°，不再一一分析。

负载上的电压波形取决于三相晶闸管的导通状况，晶闸管导通状况不同，负载上得到的电压就不同。在一个周期内不同的时段晶闸管的导通状况是不一样的，所以负载上的电压也是不一样的，一个周期内负载上的电压波形是由多个电压组成的，比如对于 U 相晶闸管就有 4 种导通状况，则 U 相的负载电压也就可能有以下 4 种情况：

（1）U 相晶闸管（$VT_1$ 或 $VT_4$）、V 相晶闸管（$VT_3$ 或 $VT_6$）、和 W 相晶闸管（$VT_5$ 或 $VT_2$）都处在导通状态，此时三相全导通，U 相负载上电压 $U_{RU}$ 为相电压 $U_U$。

（2）U 相晶闸管（$VT_1$ 或 $VT_4$）和 V 相晶闸管（$VT_3$ 或 $VT_6$）处在导通状态，但 W 相晶闸管（$VT_5$ 或 $VT_2$）处于关断状态，此时相当于 U 相负载与 V 相负载串接于线电压 $U_{UV}$ 上，因此 U 相负载上电压为 $U_{UV}/2$。

（3）U 相晶闸管（VT$_1$或 VT$_4$）和 W 相晶闸管（VT$_5$或 VT$_2$）处在导通状态，但 V 相晶闸管（VT$_3$或 VT$_6$）处于关断状态，此时相当于 U 相负载与 W 相负载串接于线电压 $U_{UW}$上，因此 U 相负载上电压为 $U_{UW}/2$。

（4）U 相晶闸管（VT$_1$或 VT$_4$）处在关断状态，此时 U 相负载上电压 $U_{RU}$为 0。

通过以上分析，对于不同的触发延迟角 $\alpha$，根据各相触发脉冲出现的时刻和各相晶闸管在一个周期内不同时段的导通状况，就可以得到 U 相负载上电压 $U_{RU}$ 的波形。$\alpha=0$ 和 $\alpha=30°$ 时的 $U_{RU}$ 的波形如图 3-2-6 所示。$\alpha=90°$ 和 $\alpha=120°$时的波形如图 3-2-7 所示。过程不再赘述。

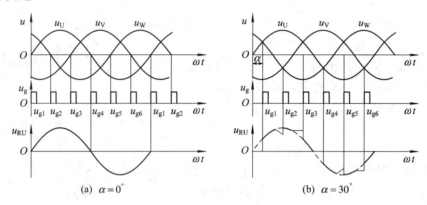

图 3-2-6　三相全波星形连接的调压电路的输出波形

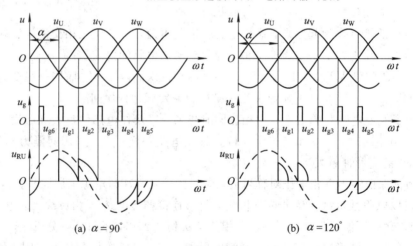

图 3-2-7　三相全波星形连接的调压电路的输出波形

根据电压波形分析可知，当 $\alpha \geqslant 150°$时，不能构成晶闸管导通条件，所以这种三相全波星形连接调压电路的最大移相范围为 150°。触发延迟角 $\alpha$ 由 0°变化至 150°时，输出的交流电压可以连续地由最大值调节至零。随着 $\alpha$ 的增大，电流的不连续程度增加，每相负载上的电压已不是正弦波，但正、负半轴对称。因此，这种调压电路输出的电压只有奇次谐波，以三次谐波所占比重最大。由于这种线路没有中性线，故无三次谐波回路，减少了三次谐波对电源的影响。

三相交流调压电路带电感性负载时，分析过程复杂，因为输出电压与电流存在相位差，在相电压和线电压过零瞬间，晶闸管将继续导通，负载中仍有电流流过，此时晶闸管

的导通角 $\theta$ 不仅与触发延迟角 $\alpha$ 有关，还与负载功率因数角 $\varphi$ 有关。如果负载是异步电动机，则功率因数角 $\varphi$ 还要随电动机运行情况的变化而变化，这样使得输出波形更加复杂。但从实验波形可知，三相电感性负载的电流波形与单相电感性负载时的电流波形的变化规律相同，即当 $\alpha \leqslant \varphi$ 并采用宽脉冲触发时，负载电压、电流总是完整的正弦波；改变触发延迟角 $\alpha$，负载电压、电流的有效值不变，即电路失去交流调压作用。要实现交流调压的目的，最小触发延迟角 $\alpha = \varphi$，在相同负载阻抗角 $\varphi$ 的情况下，$\alpha$ 越大，晶闸管的导通角越小，流过晶闸管的电流也越小。

**2. 其他三相交流调压电路形式**

三相交流调压电路有多种形式，较为常用的有四种接线方式，除了上述三相全波星形连接的调压电路外，还有带零线的三相全波星形连接的调压电路、晶闸管与负载结成内三角形的三相调压电路、三相晶闸管三角形连接调压电路，各自的接线电路图及线路性能特点见表 3.7。

**表 3.7 三相交流调压常用电路接线方式比较**

| 接线方式 | 全波星形（Y）无中性线 | 星形（Y）带中性线 | 内三角形（△）连接 | 晶闸管三角形（△）连接 |
|---|---|---|---|---|
| 电路图 | | | | |
| 晶闸管工作电压（峰值） | $\sqrt{2}U_i$ | $\sqrt{\dfrac{2}{3}}U_i$ | $\sqrt{2}U_i$ | $\sqrt{2}U_i$ |
| 晶闸管工作电流 | $0.45I_i$ | $0.45I_i$ | $0.26I_i$ | $0.68I_i$ |
| 移相范围 | $0 \sim 150°$ | $0 \sim 180°$ | $0 \sim 180°$ | $0 \sim 210°$ |
| 线路性能特点 | （1）负载对称，且三相皆有电流时如同三个单相组合；（2）应采用双窄脉冲或大于 60° 的宽脉冲；（3）不存在三次谐波电流；（4）适用于各种负载 | （1）是三个单相电路的组合；（2）输出电压、电流波形对象；（3）中性线流过谐波电流，特别是三次谐波电流；（4）适用于中小容量可接中性线的各种负载 | （1）是三个单相电路的组合；（2）输出电压、电流波形对象；（3）与星形连接比较，在同容量时，此电路可选电流小、耐压高的晶闸管；（4）实际应用较少 | （1）线路简单，成本低；（2）适用于三相负载星形连接，且中性点能拆开的场合；（3）因线间只有一个晶闸管，属于不对称控制 |

### 3.2.3 交流调压电路的应用

晶闸管交流开关是一种比较理想的快速交流开关,与传统的接触器－继电器系统相比,其主回路甚至包括控制回路都没有触头或可动的机械结构,所以不存在电弧、触头磨损和熔焊等问题。由于晶闸管总是在电流过零时关断,所以关断时不会因负载或线路中电感储能而造成暂态电压的现象。晶闸管交流开关特别适用于操作频繁、可逆运行及有易燃易爆气体的场合。

**1. 简单的晶闸管交流开关及应用**

晶闸管交流开关的基本形式如图 3-2-8 所示。触发电路的毫安级电流通断可以控制晶闸管阳极大电流的通断。交流开关的工作特点是晶闸管在承受正半周电压时触发导通,而它的关断则利用电源负半周在管子上加反压来实现,在电流过零时自然关断。

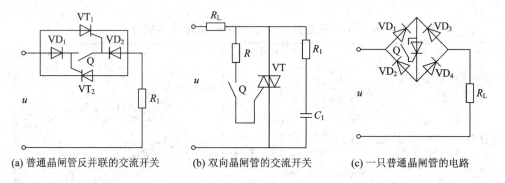

(a) 普通晶闸管反并联的交流开关　　(b) 双向晶闸管的交流开关　　(c) 一只普通晶闸管的电路

图 3-2-8　晶闸管交流开关的基本形式

图 3-2-8(a) 所示为普通晶闸管反并联的交流开关,当 Q 合上时,靠管子本身的阳极电压作为触发电源,具有强触发性质,即使触发电流比较大的管子也能可靠触发,负载上得到的基本上是正弦电压。图 3-2-8(b) 所示为采用双向晶闸管的交流开关,其线路简单,但工作频率比反并联电路低(小于 400 Hz)。图 3-2-8(c) 所示为只用一只普通晶闸管的电路,管子承受正压,但由于串联元件多,其压降损耗较大。

作为晶闸管交流开关的应用电路实例,图 3-2-9 为采用光耦合器的交流开关电路。

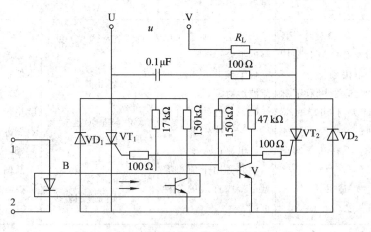

图 3-2-9　采用光耦合器的交流开关电路

主电路由两只晶闸管 $VT_1$、$VT_2$ 和两只二极管 $VD_1$、$VD_2$ 组成。当控制信号未接通，即不需要主电路工作时，1、2 端没有信号，B 光耦合器中的光敏管截止，晶体管 V 处于导通状态，晶闸管门极电路被晶体管 V 旁路，因而晶闸管 $VT_1$、$VT_2$ 处于截止状态，负载未接通。当 1、2 端接入控制信号，B 光耦合器中的光敏管导通，晶闸管 V 截止，晶闸管 $VT_1$、$VT_2$ 控制极得到触发电压而导通，主回路被接通。电源正半波时（$U_+$、$V_-$），通路为 $U_+ \rightarrow VT_1 \rightarrow VD_2 \rightarrow R_L \rightarrow V_-$，电源负半波时（$U_-$、$V_+$），通路为 $V_+ \rightarrow R_L \rightarrow VT_2 \rightarrow VD_1 \rightarrow U_-$，负载上得到交流电压。由以上可知，只要控制光电耦合器的通断就能方便地控制主电路的通断。

如图 3-2-10 所示为双向晶闸管控制三相自动控温电热炉的典型电路。当开关 Q 拨到"自动"位置时，炉温就能自动保持在给定温度，若炉温低于给定温度，温控仪 KT（调节式毫伏温度计）使常开触点 KT 闭合，小双向晶闸管 $VT_4$ 触发导通，继电器 KA 得电，使主电路中 $VT_1 \sim VT_3$ 管导通，负载电阻 $R_L$ 接入交流电源，炉子升温；若炉温到达给定温度，温控仪的常开触点 KT 断开，$VT_4$ 关断，继电器 KA 失电，双向晶闸管 $VT_1 \sim VT_3$ 关断，电阻 $R_L$ 与电源断开，炉子降温。因此电炉温度在给定温度附近的小范围内波动。

双向晶闸管仅用一只电阻（主电路为 $R_1^*$、控制电路为 $R_2^*$）构成本相强触发电路，其阻值可由试验得出。用电位器代替 $R_1^*$ 或 $R_2^*$，调节电位器阻值，使双向晶闸管两端电压（用交流电压表测量）减到 $2 \sim 5$ V，此时电位器阻值即为触发电阻值。通常为 75 Ω～3 kΩ，功率小于 2 W。

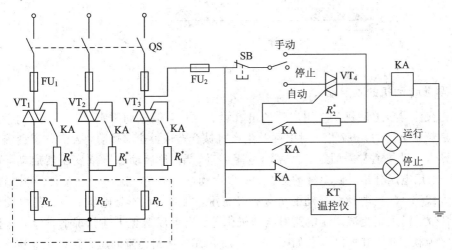

图 3-2-10 双向晶闸管控制三相自动控温电热炉的电路图

**2. 交流调光台灯应用电路**

电路如图 3-2-11 所示，电路的工作原理：触发电路由两节 $RC$ 移相网络和双向二极管 $VT_2$ 组成。当电容 $C_1$ 上的电压达到双向二极管 $VT_2$ 的正向转折电压时导通，此时负载 $R_L$ 上得到相应的正半波交流电压。在电源电压过零瞬间，晶闸管电流小于维持电流 $I_H$ 而自动关断。当电源电压 $u$ 为上负下正时，电源对 $C_1$ 反向充电，$C_1$ 上的电压为下正上负，当 $C_1$ 上的电压达到双向二极管 $VT_1$ 的反向转折电压时，$VT_1$ 导通，给双向晶闸管的控制极一个反向触发脉冲 $u_G$，晶闸管由 $VT_1$ 向 $VT_2$ 方向导通，负载 $R_L$ 上得到相应的负半波交流电压，波形如图 3-2-12 所示。

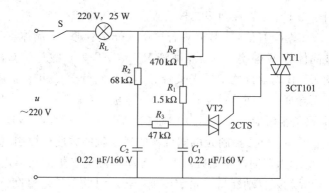

图 3-2-11　调光台灯应用电路

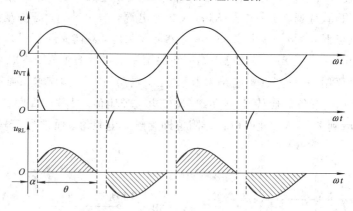

图 3-2-12　双向晶闸管交流调压波形图

### 3. 异步电动机的软启动

三相交流异步电动机是应用广泛的电气设备之一，但电动机直接启动会产生大电流，它通常是额定电流的 4~7 倍，对电网及生产机械会造成冲击。目前，大部分容量较大的三相交流异步电动机通常采用定子回路串电阻启动、星-角启动和自耦变压器启动，这些传统启动，采用电压分步跳跃上升的方式，所以启动过程存在二次冲击电流大，冲击转矩大、效率低等缺陷，加之电动机拖动的负载有轻有重，则会出现不是电能浪费就是电动机启动不了的情况。而采用交流调压电路对电动机供电，则可以避免上述情况的发生，这种启动方式称之为软启动，其控制框图如图 3-2-13 所示。三相交流调压电路采用电流、电压反馈组成闭环系统，启动性能由控制器实现。

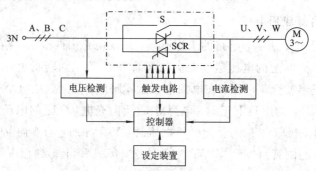

图 3-2-13　异步电动机的软启动控制框图

　　最常用的软启动方式的电压上升曲线如图 3-2-14 所示，$U_S$ 为电动机启动需要的最小转矩所对应的电压值，启动时电压按一定斜率上升，使传统的有级降压启动变为三相调压的无级调节，初始电压及电压上升率可根据负载特性调整。此外，还可实现其它启动、停止等控制方式，用软启动方式达到额定电压时，开关 S 接通，电动机 M 转入全压运行。

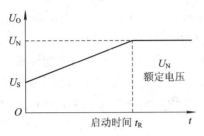

图 3-2-14　软启动电压上升曲线

　　如图 3-2-15 所示，为软启动的主电路与继接控制电路。其主电路由 6 只普通晶闸管组成三相全波星形连接调压电路向电动机供电，使电动机在启动时电压逐渐上升，即所谓的软启动。当电动机电压上升接近 380 V 时，接触器 KM 常开触点闭合，将晶闸管短接，电动机在全压下运行。图中 $FU_1 \sim FU_6$ 为晶闸管过电流保护的快速熔断器，$R_1C_1 \sim R_3C_3$ 组成晶闸管的过电压保护电路，热继电器 FR 为电动机过载保护，U、V、W、N 为三相交流电源及其中性线。继接控制电路由停止按钮 $SB_1$、启动按钮 $SB_2$、继电器 $KA_1$、接触器 KM 线圈、继电器 $KA_2$ 常开触点等电器元件组成。当按下启动按钮 $SB_2$ 时，继电器 $KA_1$ 得电，自锁触点闭合，使控制电压产生，电路进入工作状态，当继电器 $KA_2$ 常开触点闭合时，KM 得电，使电动机全压运行，同时使得 $KA_1$ 失电。

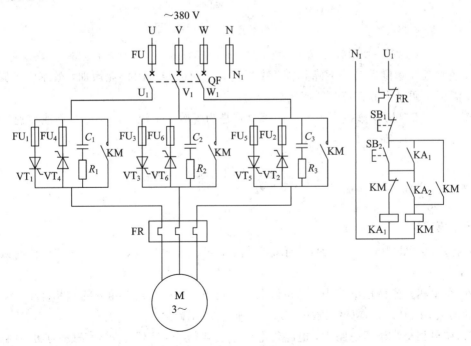

图 3-2-15　主电路与继接控制电路

### 4. 交流电动机的调压调速

由交流电动机的分析可知，交流电动机定子与转子回路的参数恒定时，在一定的转差率下，电动机的电磁转矩 $T$ 与加在电动机定子绕组上电压 $U$ 的平方成正比，即

$$T \propto U^2 \tag{3-10}$$

因此，改变电动机的定子电压，可以改变电动机在一定输出转矩（$T$）下的转速（$n$）。图 3-2-16(a) 为交流异步电动机在不同电压下的机械特性，由图可见，在一定负载下，降低加到电动机定子上的交流电压，可达到一定程度的速度调节。图 3-2-16(b) 为交流电动机调压调速主电路。晶闸管 1～6 工作在交流开关状态构成交流电压控制器。由于交流电压是正弦交变的，为使负载端能得到对称的电压波形，每相采用两个晶闸管反并联（或用双向晶闸管）串在交流电源与负载之间，用相位控制方式，每半波截去交流电源一部分，从而降低了加到电动机上的交流电压有效值。

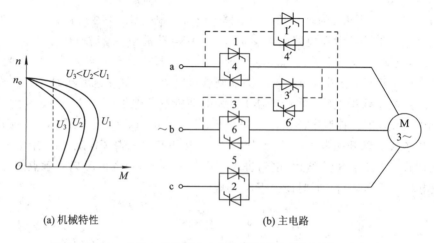

(a) 机械特性　　　　　　　　　　　(b) 主电路

图 3-2-16　交流电动机调节定子电压调速的机械特性和主电路

交流调压调速随着转速下降其转差率增加，电动机转子的损耗增加，效率将下降。因此，交流调压调速不适宜长时低速运行。

图 3-2-16(b) 中虚线所示的晶闸管电路是为了改变交流电源相序从而改变速度的方向，实现电动机反转。

# 习　　题

## 一、填空题

1. 型号为 KS 100-8 的元件表示晶闸管，它的额定电压为（　）V，额定电流有效值为（　）A。

2. 在单相交流调压电路中，电路带电阻性负载，其触发延迟角 $\alpha$ 的移相范围为（　），随 $\alpha$ 的增大，$U_0$（　），功率因数（　）。

3. 在单相交流调压电路中，电路带电感性负载，其触发延迟角 $\alpha < \varphi$（$\varphi$ 为功率因数角）时，$VT_1$ 的导通时间（　）移相范围为（　），$VT_2$ 的导通时间（　）。

4. 双向晶闸管的图形符号是（　），3 个电极分别是（　）、（　）和（　）。

5. 根据三相连接形式的不同，三相交流调压电路具有多种形式，SCR 属于（  ）连接方式，TCR 的触发延迟角 $\alpha$ 的移相范围为（  ），线电路中所含谐波的次数为（  ）。

6. 单相交流调压电路，负载阻抗角为 $30°$，控制角 $\alpha$ 的有效移相范围为（  ）。

## 二、简答题

1. 双向晶闸管与普通晶闸管的结构有什么不同？它们各自的额定电流定义有什么不同？额定电流为 $100\ \text{A}$ 的两只普通晶闸管反并联可用额定电流为多大的双向晶闸管代替？

2. 双向晶闸管有哪几种触发方式？一般选用哪几种？其各种触发方式使用时要注意什么问题？

3. 交流调压开关通断与相位控制的优缺点是什么？

4. 三相交流调压电路采用三相四线接法时，存在何种问题？

## 三、计算题

1. 调光台灯由单相交流调压电路供电，设该台灯可看作纯电阻负载，在 $\alpha=0$ 时输出功率为最大值，试求功率为最大输出功率的 $80\%$，$50\%$ 时的 $\alpha$。

2. 一台 $220\ \text{V}$、$10\ \text{kW}$ 的电炉，采用晶闸管单相交流调压，现使其工作在 $5\ \text{kW}$ 下。试求电路的控制角 $\alpha$、工作电流及电源侧功率因数。

3. 一单相交流调压电路，电源为工频 $220\ \text{V}$，电阻电感串联作为负载，其中 $R=0.5\ \Omega$，$L=2\ \text{mH}$。试求：

（1）$\alpha$ 的变化范围。

（2）负载电流的最大有效值。

（3）最大输出功率及此时电源侧的功率因数。

（4）当 $\alpha=\pi/2$ 时，晶闸管电流有效值、晶闸管导通角和电源侧功率因数。

4. 采用两晶闸管反并联相控的交流调压电路，输入电压 $U_i=220\ \text{V}$，负载电阻 $R=5\ \Omega$。如 $\alpha_1=\alpha_2=2\pi/3$，求：

（1）输出电压及电流有效值。

（2）输出功率。

（3）晶闸管的平均电流。

（4）输入功率因数。

5. 采用双向晶闸管的交流调压器接三相电阻负载，电源线电压为 $220\ \text{V}$，负载功率为 $10\ \text{kW}$。试求：

（1）流过双向晶闸管的最大电流。

（2）如使用反并联连接的普通晶闸管代替双向晶闸管，则流过普通晶闸管的最大有效电流是多少？

# 项目四　直流斩波电路

## 学习目标

▲ 掌握直流斩波变换的基本原理。

▲ 了解直流斩波变换电路的分类。

▲ 掌握升压、降压、升降压斩波电路的电路组成及其工作原理。

▲ 了解直流斩波电路的应用领域。

## 技能目标

▲ 掌握升压斩波电路与降压斩波电路的联系与区别。

▲ 学会识读直流斩波应用电路。

直流斩波电路是将电力电子器件接在直流电源与负载之间，通过电力电子器件的通断来改变加在负载上的直流平均电压，即将一种直流电压变换为另一种幅值可调的直流电压的电路。它是一种开关型 DC/DC 变换电路，俗称直流斩波器。斩波器具有效率高、体积小、重量轻、成本低等优点。现在的直流斩波器都采用全控型电力电子器件(见项目二中的全控型电力电子器件)，既省去了换流关断电路，又提高了斩波器的频率，提高斩波频率可以减少低频谐波分量，降低对滤波元器件的要求，减少了器件的体积和重量。随着电力电子新器件的不断发展，直流斩波器将广泛应用于工业和家庭生活中。

在分析直流斩波电路时，通常对电路作以下假设：

(1) 电路中的电感和电容均为无损耗的理想储能元件。

(2) 认为电力电子开关器件和与之配合的二极管都是理想的，即导通时压降为 0，阻断时漏电流为 0，开关过程瞬间完成。

(3) 滤波电路的电磁时间常数远大于电子开关的工作周期，认为负载电压在一个开关周期中为常数。

## 4.1.1　斩波电路的工作原理与分类

### 1. 直流斩波电路的工作原理

最基本的直流斩波电路如图 4-1-1(a)所示，图中 $R$ 为纯电阻负载，S 为可控开关，是斩波电路中的关键电力器件。

当开关 S 在 $t_{on}$ 时间接通时，电流 $i_o$ 经负载电阻 $R$ 流过，$R$ 两端就有电压 $U_o$；开关 S 在 $t_{off}$ 时间断开时，$R$ 中电流 $i_o$ 为零，电压 $U_o$ 也就变为零。直流斩波电路的工作周期、负载电压、电流波形如图 4－1－1(b)所示。

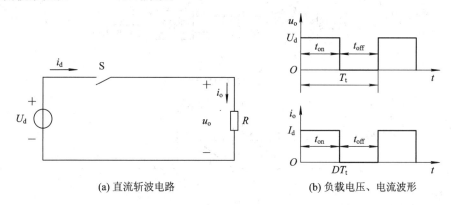

(a) 直流斩波电路　　　　　　　(b) 负载电压、电流波形

图 4－1－1　基本的直流变换电路及其负载波形

若定义斩波电路的占空比为

$$D = \frac{t_{on}}{T} \tag{4-1}$$

由波形图上可获得输出电压平均值为

$$U_o = \frac{1}{T}\int_0^{t_{on}} U_i \, dt = \frac{t_{on}}{T} U_i = D U_i \tag{4-2}$$

在斩波电路中，输入电压是固定不变的，由上式可以看出，改变开关 S 的导通时间 $t_{on}$，即调节占空比，就可控制输出电压平均值 $U_o$ 的大小。

由式(4－2)可知，当占空比 $D$ 从 0 变到 1 时，输出电压平均值从 0 变到 $U_o$，其等效电阻 $R_i$ 也随着 $D$ 变化。

**2. 直流斩波器的分类**

按照稳压控制方式将直流斩波电路分为脉冲宽度调制、脉冲频率调制和调频调宽混合控制直流变换电路；按变换器的作用可分为降压变换电路(Buck)、升压变换电路(Boost)、升降压变换电路(Buck－Boost)等。

（1）脉宽调制(PWM)方式：维持 $T$ 不变，改变 $t_{on}$。在这种调制方式中，输出电压波形的周期是不变的，因此输出谐波的频率也是不变的，这样使得滤波器的设计变得较为容易。

（2）脉冲频率(PFM)调制方式：维持 $t_{on}$ 不变，改变 $T$。在这种调制方式中，由于输出电压波形的周期是变化的，因此输出谐波的频率也是变化的，这样使得滤波器的设计比较困难，输出波形谐波干扰严重，一般很少采用。

（3）调频调宽混合控制：$t_{on}$ 和 $T$ 都可调，使占空比改变。这种控制方式的特点是：可以大幅度的改变输出，但也存在由于频率变化所引起的设计滤波器困难的问题。

脉宽调制(PWM)方式是最常见的调制方式。图 4－1－2(a)是脉宽调制方式的控制原理图，给定电压与实际输出电压经误差放大器得到误差控制信号 $u_{co}$，该信号与锯齿波信号比较得到开关控制信号，控制开关的导通和关断，得到期望的输出电压。图 4－1－2(b)给出了脉宽调制的波形，锯齿波的频率决定了变换器的开关频率，一般选择开关频率在几千赫兹到几百千赫兹之间的变换器。

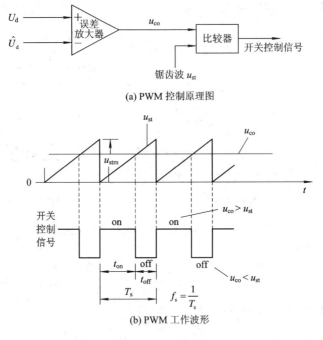

(a) PWM 控制原理图

(b) PWM 工作波形

图 4-1-2　基本的直流变换电路及其负载波形

## 4.1.2　降压(Buck)斩波电路

降压斩波电路是一种输出电压的平均值低于输入电压的变换电路，这种电路主要用于直流可调电源和直流电动机的调速。降压斩波电路的基本形式如图 4-1-3(a)所示。图中开关 S 是各种全控型电力电子器件，VD 为续流二极管，$L$、$C$ 分别为滤波电感和电容，组成低通滤波器，$R$ 为负载。

在图 4-1-3(a)所示电路中，触发脉冲在 $t=0$ 时，使开关 S 导通，在 $t_{on}$ 导通期间电感 $L$ 中有电流流过，且二极管 VD 反向偏置，导致电感两端呈现正电压 $u_L=U_d-u_o$，在该电压作用下，电感中的电流 $i_L$ 呈线性增长，其等效电路如图 4-1-3(b)所示。当触发脉冲在 $t=DT_s$ 时刻使开关 S 断开而处于 $t_{off}$ 期间时，由于电感已储存了能量，VD 导通，$i_L$ 经 VD 续流，此时 $u_L=-u_o$，电感 $L$ 中的电流 $i_L$ 呈线性衰减，其等效电路如图 4-1-3(c)所示，各电量的波形图如图 4-1-3(d)所示。

若输出端上的电容 $C$ 很大，则输出电压可近似为常数 $u_o(t)=U_o$。由于稳态时电容器的平均电流为零，因而电感中的平均电流等于输出平均电流。根据电感中的电流连续与否，可以划分为电感电流连续和电感电流断续的两种工作模式。电感电流连续是指电感电流在整个开关周期 $T$ 中都存在，如图 4-1-4(a)所示；电感电流断流是指在开关 S 断开的 $t_{off}$ 期间的后期，输出电感的电流已降为零，如图4-1-4(c)所示。这两种工作模式的临界点称为电感电流临界连续状态，这时开关管阻断期结束，电感电流刚好降为零，如图4-1-4(b)所示。电感中电流 $i_L$ 是否连续取决于开关频率、滤波电感和电容 $C$ 的数值。

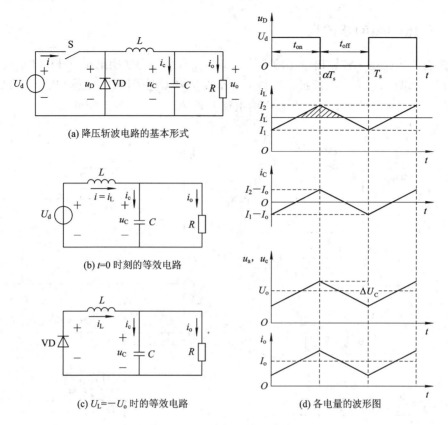

**(a) 降压斩波电路的基本形式**

**(b) $t=0$ 时刻的等效电路**

**(c) $U_L=-U_o$ 时的等效电路**

**(d) 各电量的波形图**

图 4-1-3　降压电路及其波形

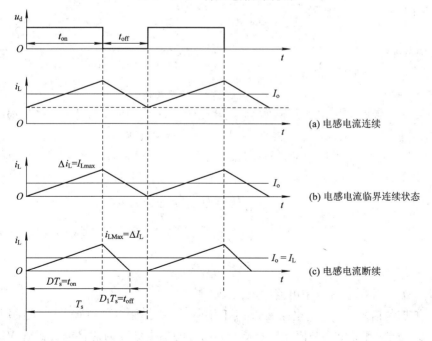

(a) 电感电流连续

(b) 电感电流临界连续状态

(c) 电感电流断续

图 4-1-4　降压电路及其波形

### 4.1.3 升压(Boost)斩波电路

升压斩波电路是一种输出电压的平均值高于输入电压的变换电路。升压斩波变换电路的基本形式如图 4-1-5(a)所示。图中 T 为全控型电力电子器件组成的开关，VD 是快恢复二极管。在理想条件下，当电感 L 中的电流 $i_L$ 连续时，电路的工作波形如图 4-1-5(d)所示。

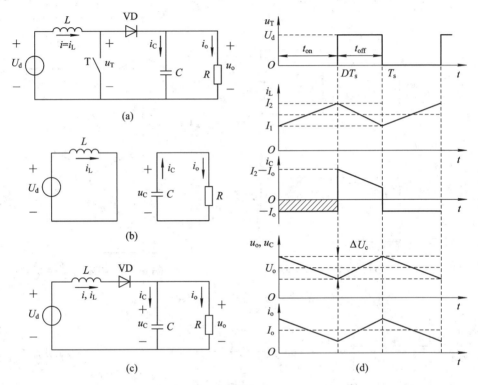

图 4-1-5 升压型变换电路及其波形

当开关 T 在触发信号作用下导通时，电路处于 $t_{on}$ 工作期间，二极管承受反偏电压而截止。一方面，能量从直流电源输入并储存到电感 L 中，电感电流 $i_L$ 从 $I_1$ 线性增至 $I_2$；另一方面，负载 R 由电容 C 提供能量，等效电路如图 4-1-5(b)所示。很明显，L 中的感应电动势与 $U_d$ 相等。

$$U_d = L\frac{I_2 - I_1}{t_{on}} = L\frac{\Delta I_L}{t_{on}} \qquad (4-3)$$

或

$$t_{on} = \frac{L}{U_d}\Delta L \qquad (4-4)$$

式中，$\Delta I_L = I_2 - I_1$ 为电感 L 中电流的最大变化量。

当 T 被控制信号关断时，电路处于 $t_{off}$ 工作期间，二极管 VD 导通，由于电感 L 中的电流不能突变，产生感应电动势阻止电流减小，此时电感中储存的能量经二极管 VD 给电容充电，同时也向负载 R 提供能量。在无损耗的前提下，电感电流 $i_L$ 从 $I_2$ 线性下降到 $I_1$，等效电路如图 4-1-5(c)所示。由于电感上的电压等于 $U_o - U_d$，因此很容易得出下列关系

$$U_o - U_d = L \frac{\Delta I_L}{t_{off}} \tag{4-5}$$

或

$$t_{off} = \frac{L}{U_o - U_d} \Delta L \tag{4-6}$$

同时考虑(4-5)、(4-3)可得

$$\frac{U_d t_{on}}{L} = \frac{U_o - U_d}{L} t_{off}$$

即

$$U_o = \frac{t_{on} + t_{off}}{t_{off}} U_d = \frac{U_d}{1-D} \tag{4-7}$$

式中，占空比 $D = t_{on}/T_s$，当 $D=0$ 时，$U_o = U_d$，但 $D$ 不能为 1，因此在 $0 \leqslant D < 1$ 变化范围内，输出电压总是大于或等于输入电压。

稳态运行时，开关管 T 导通期间($t_{on} = DT_s$)，电源输入到电感 $L$ 中的磁能在 T 截止期间通过二极管 VD 转移到输出端，如果负载电流很小，就会出现电流断流情况。如果负载电阻变得很大，负载电流太小，这时如果占空比 $D$ 仍不减小，$t_{on}$ 不变，电源输入到电感的磁能必使输出电压 $U_o$ 不断增加，因此没有电压闭环调节的升压变换电路不宜在输出端开路的情况下工作。

升压变换电路的效率很高，一般可达 92% 以上。

## 4.1.4　库克(Cuk)变换电路

降压斩波电路与升压斩波电路都具有直流电压变换功能，但输出与输入端都含有较大的纹波，尤其是在电流不能连续的情况下，电路输入端和输出端的电流是脉动的。因此，谐波会使电路的变换效率降低，如果是大电流的高次谐波，那还会产生辐射而干扰周围的电子设备，使它们不能正常工作。

库克(Cuk)变换电路属于升降压型直流变换电路，如图 4-1-6(a)所示。图中 $L_1$ 和 $L_2$ 为储能电感，VD 为快恢复续流二极管，$C_1$ 为传送能量的耦合电容，$C_2$ 为滤波电容。这种电路的特点是，输出电压极性与输入电压相反，输入端电流纹波小，输出直流电压平稳，降低了对外部滤波器的要求。在忽略所有元器件损耗的前提下，电路的工作波形如图 4-1-6(d) 所示。

在 $t_{on}$ 期间，开关 T 导通，由于电容 $C_1$ 上的电压 $U_{C1}$ 使二极管 VD 反偏而截止，输入直流电压 $U_d$ 向电感 $L_1$ 输送能量，电感 $L_1$ 中的电流 $i_{L1}$ 线性增长。与此同时，原来储存在 $C_1$ 中的能量通过开关 T(电流 $i_{L2}$)向负载和 $C_2$、$L_2$ 释放，负载获得反极性电压。在此期间流过开关管 T 的电流为($i_{L1} + i_{L2}$)，其等效电路如图 4-1-6(b)所示。

在 $t_{off}$ 期间，开关 T 关断，$L_1$ 中的感应电动势 $u_{L1}$ 改变方向，使二极管 VD 正偏而导通，电感 $L_1$ 中的电流 $i_{L1}$ 经电容 $C_1$ 和二极管 VD 续流，电源 $U_d$ 与 $L_1$ 的感应电动势 $u_{L1} = -L \, di_{L1}/dt$ 串联相加，对 $C_1$ 充电储能并经二极管 VD 续流。与此同时，$i_{L2}$ 也经二极管 VD 续流，$L_2$ 的磁能转为电能向负载释放能量，其等效电路如图 4-1-6(c)所示。

在 $i_{L1}$、$i_{L2}$ 经二极管 VD 续流期间($i_{L1} + i_{L2}$)已逐渐减小，如果在开关管 T 关断时间 $t_{off}$

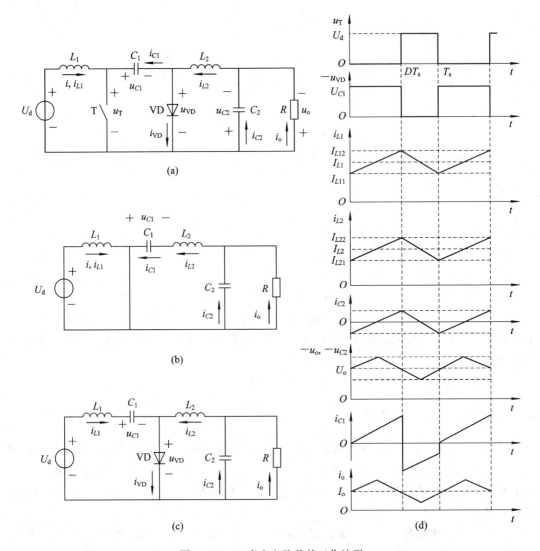

图 4-1-6 库克电路及其工作波形

结束前二极管 VD 的电流已减为 0，则从此时起到下次开关管 T 导通这一段时间里开关管 T 和二极管 VD 都不导电，二极管 VD 电流断流，因此库克变换电路也有电流连续和断流。在开关管 T 的关断时间内，若二极管电流总是大于零，则称为电流连续；若二极管电流在一段时间内为零，则称为电流断流工作情况；若二极管电流经 $t_{off}$ 后，在下个开关周期 $T_s$ 的开通时刻，二极管电流正好降为零，则为临界连续。图 4-1-6(d) 为电流连续时的主要波形图。

通过上述分析可知，在整个周期 $T_s = t_{on} + t_{off}$ 中，电容 $C_1$ 从输入端向输出端传递能量，只要 $L_1$、$L_2$ 和 $C_1$ 足够大，则可保证输入、输出电流是平稳的，即在忽略所有元件损耗时，$C_1$ 上电压基本不变，而电感 $L_1$ 和 $L_2$ 上的电压在一个周期内的积分都等于零。

对于电感 $L_1$ 有

$$\int_0^{t_{on}} u_{L1} \, dt + \int_{t_{on}}^{T_s} u'_{L1} \, dt = 0 \tag{4-8}$$

根据图 4-1-6(b)、图 4-1-6(c)可知，上式中 $u_{L1}=U_d$（在 $T_{on}$ 期间），$u'_{L1}=U_d-U_{C1}$（在 $t_{off}$ 期间）。注意到 $t_{on}=DT_s$，$t_{off}=(1-D)T_s$，则式（4-8）可变成

$$U_d DT_s + (U_d - U_{C1})(1-D)T_s = 0 \qquad (4-9)$$

因此

$$U_{C1} = \frac{1}{1-D}U_d \qquad (4-10)$$

对于电感 $L_2$ 同样有

$$\int_0^{t_{on}} u_{L2}\,\mathrm{d}t + \int_{t_{on}}^{T_s} u'_{L2}\,\mathrm{d}t = 0 \qquad (4-11)$$

根据图 4-1-6(b)、图 4-1-6(c)可知，上式中 $u_{L2}=U_{C1}-U_o$；在 $t_{off}$ 期间 $u'_{L2}=-U_o$，则式（4-11）变成

$$(U_{C1} - U_o)DT_s + (-U_o)(1-D)T_s = 0 \qquad (4-12)$$

所以

$$U_{C1} = \frac{1}{D}U_o \qquad (4-13)$$

同时考虑式（4-10）、式（4-13），并注意 $U_d$ 和 $U_o$ 的极性可得

$$U_o = -\frac{D}{1-D}U_d \qquad (4-14)$$

式中，负号表示输出与输入反相，当 $D=0.5$ 时，$U_o=U_d$；当 $0.5<D<1$ 时，$U_o>U_d$，为升压变换；$0 \leqslant D<0.5$ 时，$U_o<U_d$，为降压变换。

在库克变换电路中，只要 $C_1$ 足够大，则输入、输出电流都是连续平滑的，有效地降低了纹波，降低了对滤波电路的要求，使该电路得到了广泛的应用。

## 4.1.5　直流斩波应用电路

直流斩波电路应用于直流电动机的调速控制及感应加热电源等工业活动中，并且在通信、新能源等领域也得到了广泛的应用。

### 1. 具有复合制动功能的 GTO 晶闸管斩波调速电路

图 4-1-7 所示为具有复合制动功能的 GTO 晶闸管斩波调速系统的主电路，它能实现电动、能耗制动和回馈制动等功能，可用于城市无轨电车等牵引设备中。

调速系统主电路主要由一只可关断晶闸管 GTO、串励直流电动机 M、续流二极管 $VD_1$、制动回路二极管 $VD_2$ 组成。电路中 HL 是霍尔电流检测装置，$R_z$ 是能耗制动电阻，$VT_1$ 是能耗制动用的快速晶闸管，$C_F$ 是滤波电容，$L_F$ 是滤波电感，$L$ 是励磁绕阻。

其工作情况可分为牵引（电动）工况、牵引-制动转换和电气制动三过程。

牵引工况时，接触器触头 $KM_1$、$KM_2$、$KM_3$、$KM_{4-1}$、$KM_{4-2}$ 闭合。当 GTO 导通时，电源 $U$ 通过 $U^+ \rightarrow KM_1 \rightarrow KM_2 \rightarrow KM_3 \rightarrow KM_{4-1} \rightarrow M \rightarrow KM_{4-2} \rightarrow L \rightarrow HL \rightarrow GTO \rightarrow U^-$ 回路向电动机 M 供电，极性为左正右负，电动机两端电压 $u_{AB}=U$。当 GTO 关断时，电流续流回路为 $M \rightarrow KM_{4-2} \rightarrow L \rightarrow HL \rightarrow VD_1 \rightarrow KM_3 \rightarrow KM_{4-1} \rightarrow M$，二极管 $VD_1$ 导通，电动机两端电压 $u_{AB}=0$。控制 GTO 导通和关断的时间比，就可控制电动机两端的平均电压，其平均电压为 $U_{AB}=DU$，从而改变电动机的速度，达到斩波调速的目的。触发快速晶闸管 $VT_2$ 导通可以

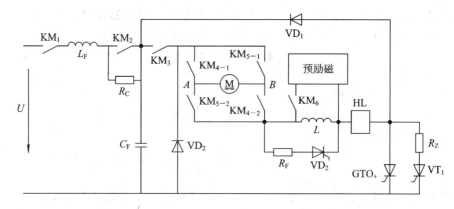

图 4 - 1 - 7　GTO 斩波调速系统主电路

使直流电动机运行于弱磁升速的工作状态。在牵引工作时采用恒流控制方式可以获得恒加速度起动过程。

牵引—制动转换：GTO 关断时电枢电流通过 M→KM$_{4-2}$→L→HL→VD$_1$→KM$_3$→KM$_{4-1}$→M 回路续流，由于回路中存在电阻，电感 L 中储存的能量快速释放，电枢电流很快衰减到零，当 HL 检测到电枢电流为零时，接触器进行切换，这时 KM$_3$、KM$_4$ 断开，KM$_5$ 闭合，为形成制动回路作好准备，同时 KM$_6$ 闭合，投入预励磁，加快反电动势电压的产生，一旦反电动势电压建立后，KM$_6$ 会自动断开。

电气制动：电气制动可分为能耗制动和回馈制动两类，主要根据负载性质而定。对于反抗性负载，采用能耗制动来实现快速停车；对于位能性负载，采用回馈制动来达到限速的目的。

（1）能耗制动：当 GTO 导通时，电流通路为 M→KM$_{5-2}$→L→HL→GTO→VD$_2$→KM$_{5-1}$→M，在电枢电动势的作用下，这一阶段的电流以线性规律上升。在 GTO 关断的同时触发 VT$_1$ 导通，这时电流不通过 GTO，而是通过 VT$_1$ 和 R$_Z$ 形成制动回路，将电力拖动系统的动能转换成电能后消耗在电阻 R$_Z$ 上，实现了能耗制动。控制 GTO 的占空比 D，就可以调节能耗制动的平均电流和转矩，达到控制整个制动过程的目的。

（2）回馈制动：当 GTO 导通时，电流通路与能耗制动一样，这一过程是电流以线性规律上升，在电感中储存能量的阶段。而 GTO 关断时，立即断开 KM$_3$、KM$_4$，闭合 KM$_5$，电流由 M→KM$_{5-2}$→L→HL→VD$_1$→U$^+$→U$^-$→VD$_2$→KM$_{5-1}$→M 形成回路，电感电动势与电枢电动势叠加后向电源回馈能量，实现了回馈制动。控制 GTO 工作的占空比 D，就可以调节回馈制动的强烈程度。

### 2. 感应加热电源

如图 4 - 1 - 8 所示为高频感应加热电源的主电路，由二极管 VD$_1$～VD$_6$ 组成的三相不可控整流电路输出电压，经斩波器 V$_0$ 调压后为 V$_1$～V$_4$ 组成的逆变器提供大小可调的直流电压。

斩波器的工作频率在几十赫兹频段内选择，可使电路的滤波器尺寸减小。斩波器的工作原理分析与前面讨论的降压斩波器电路分析方法相同。

由于电路的直流侧串入了大电感的电抗器 L$_0$，使之成为恒流源逆变器（即电流型逆变器），输出电流为方波，输出电压为正弦波。感应加热线圈 L$_1$ 与 C 组成并联谐振电路，通过

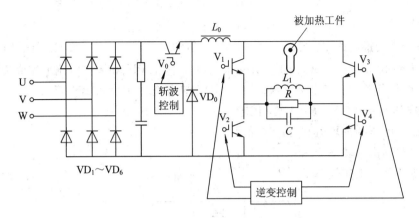

图 4-1-8　高频感应加热电源的主电路

适当的参数选择，逆变器的输出频率可达 40 kHz，输出功率可达几十千瓦。控制逆变桥保持电路工作于零相位谐振状态，即在负载电压过零时刻，桥臂内电流才开始换相，其输出电压、电流的基波相位差为零，故称之为零相位并联谐振电路。

用 IGBT 及其它大功率自关断器件所组成的高频感应加热电源，在加工热处理设备中可取代原有的大功率电子管，这极大地减少了器件的体积和损耗，节约了能源，因此感应加热电源得到了广泛的应用。

# 习　　题

## 一、填空题

1. 将直流电源的恒定电压，通过电子器件的开关控制，变换为可调的直流电压的装置称为（　　）器。

2. 直流斩波电路通过控制开关器件（　　）的时间比就可以在输出端得到不同的直流电。

3. 开关器件的导通时间与工作周期的比值定义为斩波器的（　　）。

4. 直流斩波电路时间比控制方式有（　　）、（　　）和调频调宽三种。

5. 电流瞬时值控制方式瞬时响应（　　），因此需要采用（　　）的全控型器件作为开关器件。

6. 常见的基本直流斩波电路有（　　）斩波电路、（　　）斩波电路、升—降压斩波电路。

7. 升压斩波电路之所以能使输出电压高于电源电压，关键在于：一是（　　）储能之后具有使电压泵升的作用；二是（　　）可将输出电压保持住。

## 二、简答题

1. 开关器件的开关损耗大小同哪些因素有关？

2. 斩波电路时间比控制方式有哪几种？各是怎样实现占空比调节的？

3. 简述瞬时值控制方式的工作原理。

4. 为什么升压斩波电路能使输出电压高于输入电压？

5. PWM 的驱动信号是怎样产生的？

6. 试比较 Buck 电路和 Boost 电路的异同。

### 三、计算题

1. 在升压变换电路中，已知 $U_d = 50$ V，$L$ 值和 $C$ 值较大，$R = 20$ Ω。若采用脉宽调制方式，当 $T_s = 40$ μs，$t_{on} = 20$ μs 时，计算输出电压平均值 $U_o$ 和输出电流平均值 $I_o$。

2. 带电阻负载的直流斩波器如图所示，已知占空比 $D = 0.25$，斩波频率 $f_{CH} = 125$ Hz，电源电压 $U = 100$ V，$R = 1$ Ω，试求：

(1) 输出电压的平均值 $U_d$ 和有效值 $U$。

(2) 电源输出的功率 $P$ 和电阻消耗的功率 $P_R$。

(3) 斩波器的工作效率 $P_R/P$。

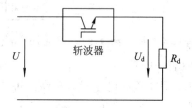

图计算题 2

3. 有一开关频率为 50 kHz 的 Buck 变换电路工作在电感电流连续的情况下，$L = 0.05$ mH，输入电压 $U_d = 15$ V，输出电压 $U_o = 10$ V，求占空比 $D$ 的大小。

4. 如图所示的斩波电路中，去掉滤波电容 $C$，$U = 100$ V，$R = 0.5$ Ω，电动机的反电动势 $E = 130$ V，斩波周期 $T = 2$ ms，导通时间 $t_{on} = 1.2$ ms，求：

(1) 输出平均电压 $U_d$ 和输出平均电流 $I_d$。

(2) 画出 $u_d$、$i_d$ 和 $i$ 随时间变化的波形。

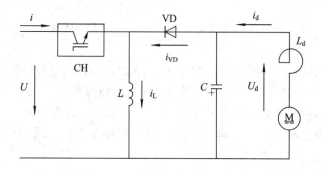

图计算题 4

5. 有一个开关频率为 50 Hz 的库克变换电路，其中，$L_1 = L_2 = 1$ mH，$C_1 = 5$ pF。假设输出端电容足够大，使输出电压保持恒定，并且元件的功率损耗可忽略，若输入电压 $U_d = 10$ V，输出电压 $U_o$ 调节为 5 V 不变，输出功率等于 5 W，试求：

(1) 占空比。

(2) 电容器 $C_1$ 两端的电压 $U_{C_1}$。

(3) 开关管的导通时间与关断时间。

# 项目五 电力电子技术的应用

## 学习目标

▲ 掌握软开关的概念及分类。

▲ 能够独立完成典型变频电路工作过程的分析。

▲ 掌握 PWM 控制技术的原理及典型电路的工作过程。

## 技能目标

▲ 独立完成大功率晶体管和绝缘栅双极型晶体管的性能测试。

▲ 在实验装置中能够正确完成典型变频电路的接线。

▲ 对变频电路的输出波形进行观察和测量，并记录实验数据进行分析。

# 任务一 软开关技术

## 学习目标

◆ 掌握软开关与硬开关的区别。

◆ 了解 SPWM 变频装置的结构。

◆ 熟悉并理解电力电子技术在新能源中的应用。

## 技能目标

◆ 会对基本软开关电路进行分析。

◆ 会利用整流、逆变等知识对变频调速系统进行分析。

◆ 会对光伏发电系统进行原理分析并掌握其维修方法。

现代电力电子装置的发展趋势是小型化、轻量化以及高频化。在电力电子装置中，提高器件开关频率不仅可减少其体积、重量，而且可以减少输出电压的谐波干扰。但是，提高开关频率无疑会增加其开关损耗，同时在开关过程中还会激起电路分布电感和寄生电容的振荡，带来附加损耗并产生电磁干扰。所以，如何减少电力电子器件在通态和断态之间产生的开关损耗是实现各类电力电子变换技术和控制技术的关键问题。

目前，开关技术分为两种类型，一种为硬开关，另一种为软开关。

硬开关又分为硬开通和硬关断。硬开通是指开关器件在其两端电压不为零时开通；硬关断是指在其两端电流不为零时关断。硬开通、硬关断统称为硬开关。在硬开关过程中，开关器件在较高电压下承载较大电流，故产生很大的开关损耗。

如果在电力电子变换电路中采取一些措施，如改变电路结构使其发生谐振，使得开关开通前其两端电压为零，则开关开通时就不会产生损耗和噪声，这种开通称为零电压开通，使开关关断前其电流为零，则开关关断时也不会产生损耗和噪声，这种关断称为零电流关断。零电压开通和零电流关断是最理想的软开关，其开关过程中无开关损耗。

软开关技术可以在最大程度上减小变换器中开关元件在开关过程的损耗，可以进一步地提高开关频率，减小了元器件的散热器体积，为电力电子装置的小型化、高效率创造了条件。近年来，软开关技术被越来越多地应用到各类电力电子装置中，在很大程度上提高了装置的性能。

本章先主要介绍软开关的基本概念和分类，然后详细分析几种典型的软开关电路。

### 5.1.1 软开关的基本概念

**1. 软开关与硬开关**

1）硬开关的基本概念及工作特性

在前面分析电力电子电路时，我们总是假想电力电子装置是理想器件，其开关是瞬时完成的，可实际上电力电子装置中的开关管并不是理想器件，存在着各种各样的损耗；器件导通时其电阻并不为零而使它有一定的通态压降，形成通态损耗；阻断时器件的电阻也并非无穷大而使它有微小的断态漏电流通过，形成断态损耗；除此之外器件在开通或关断的转换过程中还要产生开通损耗和关断损耗（总称为开关损耗）。当器件工作在高频状态时，开关损耗则为主要的损耗。

如图 5-1-1(a)所示，电力电子器件在开关过程中电压、电流均不为零。初始时尽管电压很大，但电流为零，所以功率为零。在开通过程中，电压降低，电流升高，那么，在电路的某个时刻，电压和电流的交界处将产生很大的开关损耗，同时，由于电压和电流的变化很快，波形出现了明显的过冲，这将导致开关噪声的产生，同理可见于关断过程中。开关频率越高，总的开关损耗越大，电力电子装置的效率就越低。开关损耗的存在限制了电

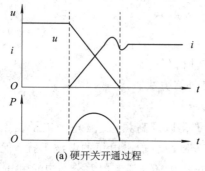

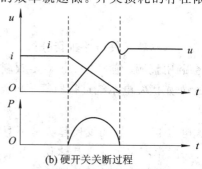

(a) 硬开关开通过程　　　　　　　(b) 硬开关关断过程

图 5-1-1　硬开关的开关过程

力电子装置开关频率的提高。开关管关断的电压、电流和开关损耗 $P$ 的波形图如图 5-1-1(b)所示。

2）硬开关的局限性

（1）热学限制。

在容性开通和感性关断的情况下，电力电子器件将承受很大的动态功耗。一般地，一个开关周期内器件的平均开关损耗将占到总平均损耗的30％～40％，同时这种损耗随开关频率的提高而增大。过大的开关损耗将使得器件结温上升，结温的升高制约了开关频率的提高。

（2）二次击穿限制。

在软、硬开关的开关过程中，GTR的开关轨迹如图5-1-2所示。由图可知，GTR承受的电流、电压会出现同时为最大值的情况，这时的电流和电压已经远远超出GTR的安全工作区。

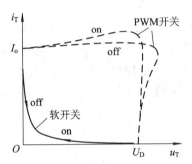

图 5-1-2 GTR在软、硬开关状态时的开关轨迹

（3）电磁干扰限制。

在高频状态下运行时，电力电子器件本身的极间电容将成为极为重要的参数，尤其对MOSFET来说，因为其门极采用了绝缘栅结构，它的极间电容较大，因此引起的开关能量损耗更为严重。图5-1-3所示为MOSFET极间电压变化示意图。

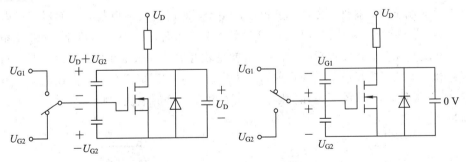

图 5-1-3 MOSFET极间电压变化示意图

MOSFET是一种电压控制的全控型器件，它有三个电极，分别为：G—栅极，D—漏极，S—源极。按导电沟道不同，MOSFET可分为P沟道和N沟道两类，其中每类中又有耗尽型（当栅极电压为零时漏源极之间就存在导电沟道）和增强型（栅极电压大于（小于）零时才存在导电沟道）两种。MOSFET电气符号及外形如图5-1-4所示。下面主要以N沟道增强型为例进行介绍。

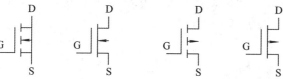
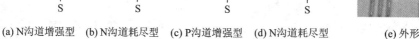

(a) N沟道增强型　(b) N沟道耗尽型　(c) P沟道增强型　(d) N沟道耗尽型　　(e) 外形

图 5-1-4　MOSFET 电气符号及外形结构

电力 MOSFET 导电机理与小功率 MOSFET 相同，但结构上有较大区别：首先，小功率 MOSFET 是横向导电结构，而电力 MOSFET 是垂直导电结构；其次，电力 MOSFET 采用多元集成。

电力 MOSFET 的工作原理如下：

当栅源电压 $U_{GS} \leqslant 0$ 时，由于表面电场效应，无导电沟道形成，D、S 间相当于两个反向串联的二极管。

当 $0 < U_{GS} \leqslant U_T$（$U_T$ 为开启电压，又叫阈值电压）时，栅极下面的 P 区表面呈耗尽状态，不会出现导电沟道 。

当 $U_{GS} > U_T$，栅极下面的 P 区发生反型而形成导电沟道。若此时漏极电压加至 $U_{DS} > 0$，则会产生漏极电流 $I_D$，MOSFET 处于导电状态，且 $U_{DS}$ 越大，$I_D$ 越大。另外，在相同的 $U_{DS}$ 下，$U_{GS}$ 越大，则 $I_D$ 越大。

（4）缓冲电路的限制。

缓冲电路可限制器件开通时的 $di/dt$ 和关断时的 $du/dt$，从而保证开关器件的安全运行。但是，这种方法存在弊端：首先，将使开关期间的开关损耗转移到缓冲电路之中，被白白地消耗掉，系统功耗增加；其次，系统的效率低，工作频率难以提高，在高频运行时的局限性很大；最后，它会造成制造和使用的不便。

3）软开关的基本概念及工作特性

假设通过某种控制方式使开关器件开通时，器件两端电压 $u_T$ 首先下降为零，然后器件的电流 $i_T$ 才开始上升，器件关断时，过程正好相反，即通过某种控制方式使器件中电流 $i_T$ 下降为零后，撤除驱动信号 $u_g$，电压 $u_T$ 才开始上升，如图 5-1-5(a)所示。此时，电压和电流不存在交叠现象，开关损耗 $p_T$ 为零，这就是软开关的理想工作模式。故软开关可以分为软开通和软关断。软开通是在开通前，让开关管两端电压降为零后，再让电流上升的开通过程(零电压开通)。软关断是在关断前，让流过开关管的电流先降为零后再让电压上升的关断过程(零电压关断)。

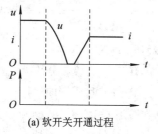
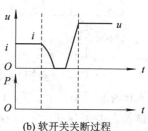

(a) 软开关开通过程　　　　　　(b) 软开关关断过程

图 5-1-5　软开关的开关过程

软开关的工作原理为通过在原来电路中增加很小的电感 $L_r$、电容 $C_r$ 等谐振元件，使电路发生谐振，利用 $LC$ 谐振特性使变换器中开关器件的端电压 $u_T$ 或电流 $i_T$ 自然谐振过零，即减缓了开关过程中电压、电流的变化。从理论上说，这种谐振开关技术可以使器件的开关损耗降低到零，原则上开关频率的提高不受限制，但是，实际中磁性材料的性能成为提高开关频率的一个主要障碍。

**2. 软开关的分类**

根据开关元件开通和关断时电压电流状态，适应于 DC/DC 和 DC/AC 变换器的软开关技术大体上可分为两类，即零电压开关(ZVS)和零电流开关(ZCS)，共分为四种类型。

(1) 零电压开通：开关开通前其两端电压为零——开通时不会产生损耗和噪声。

(2) 零电流开通：与开关串联的电感能延缓开关开通后电流上升的速率，降低了开通损耗。

(3) 零电流关断：开关关断前其电流为零——关断时不会产生损耗和噪声。

(4) 零电压关断：与开关并联的电容能延缓开关关断后电压上升的速率，从而降低了关断损耗。

根据软开关技术发展的历程可以将软开关电路分成准谐振变换电路、零开关 PWM 变换电路和零转换 PWM 变换电路三种类型。

## 5.1.2　基本的软开关电路

软开关是由电力电子开关器件 S 及辅助谐振元件 $L_r$ 和 $C_r$ 组成的电路。图 5-1-6(a) 为零电流开关(ZCS)，开关关断前其两端电流为零，$L_r$ 与 S 串联；图 5-1-6(b) 为零电压开关(ZVS)，开关开通前其两端电压为零，$C_r$ 与 S 并联。

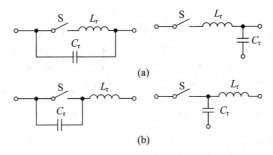

图 5-1-6　零电压与零电流开关基本单元电路

**1. 准谐振变换电路(最早出现的软开关电路)**

准谐振变换电路分为零电压开关准谐振变换电路与零电流开关准谐振变换电路。这类变换电路中谐振元件只参与能量变换的某一阶段而不是全过程，且只能改善变换电路中一个开关元件(如开关管 V 或二极管 VD)的开关特性，电路中电压或电流的波形近似为正弦半波，因此称为准谐振，其基本开关单元见图 5-1-7。准谐振变换电路的特点是谐振电压峰值很高，要求器件耐压必须提高，谐振电流有效值很大，电路中存在大量无功功率的交换，电路导通损耗加大。准谐振变换电路的谐振周期随输入电压、负载的变化而改变，因此只能采用脉冲频率调制(PFM)调控输出电压和输出功率。

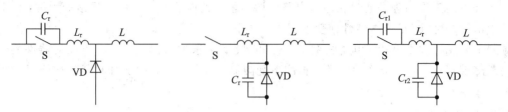

(a) 零电压开关准谐振变换电路　(b) 零电流开关准谐振变换电路　(c) 零电压开关多谐振准谐振变换电路

图 5 - 1 - 7　准谐振电路的基本开关单元

零电流、零电压准谐振软开关技术可用于许多类型的变换器，如 Boost 变换器、Cuk 变换器以及其他类型的 DC/DC、DC/AC 电路，从而实现开关器件的零电流关断或零电压开通。下面以 DC/DC 降压变换电路为例来分析准谐振变换电路的工作原理。

1）零电压开关准谐振变换电路

图 5 - 1 - 8(a)所示是以 DC/DC 降压变换电路为例的零电压开通准谐振变换电路（ZVS QRC）。其基本工作原理是：在零电压开关准谐振电路中，谐振电容与有源开关并联，谐振电感与有源开关串联。由于有谐振的作用，当谐振电容两端电压为零时，开关管闭合，从

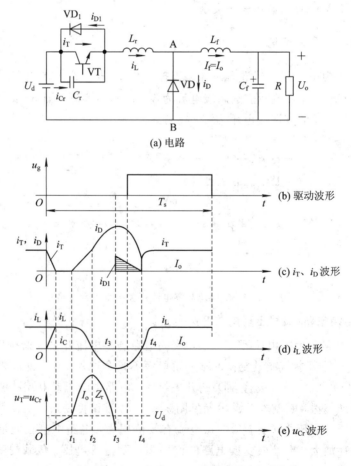

图 5 - 1 - 8　零电压开关准谐振变换电路

而实现开关管的零电压开通；开关管导通后，在任意时刻其两端电压可近似为零，此时可实现开关管的零电压关断。一个开关周期 $T_s$ 内电路中的电压、电流波形如图 $5-1-8$(b)～(e)所示。从波形图可以看出：在 $t_0$～ $t_1$ 阶段开关管 VT 中电流 $i_T$ 从大电流迅速下降到零，而此时开关管两端的电压 $u_T$ 从零开始缓慢上升，避免了 $i_T$ 和 $u_T$ 同时为较大值的情形，实现了开关管 VT 的软关断；在 $t_3$～$t_4$ 期间，二极管 $VD_1$ 导电，使 $u_T=0$，$i_T=0$，这时给 VT 施加驱动信号，就可以使开关管 VT 在零电压下开通。

需要说明的是，零电压开通准谐振变换电路只适合于改变变换电路的开关频率 $f_s$ 来调控输出电压和输出功率的情况。

2）零电流开关准谐振变换电路

图 $5-1-9$(a)所示是以 DC/DC 降压变换电路为例的零电流关断准谐振变换电路(ZCS QRC)。其中开关管 VT 与谐振电感 $L_r$ 串联，谐振电容 $C_r$ 与续流二极管 VD 并联。滤波电容 $C_f$ 足够大，在一个开关周期 $T_s$ 中输出负载电流 $I_o$ 和输出电压 $U_o$ 都恒定不变。滤波电感 $L_f$ 足够大，在一个开关周期 $T_s$ 中 $I_f=I_o$ 恒定不变。假定 $t<0$ 时，$u_g=0$，开关管 VT 处于断态，VD 续流，$i_T=i_L=0$，$i_D=i_f=I_o$，$u_T=U_d$，$u_{Cr}=0$。在 $t=0$ 时对 VT 施加驱动信号 $u_g$，通过分析可画出一个开关周期 $T_s$ 内电路中的电压、电流波形，如图 $5-1-8$(b)～(e)所示。

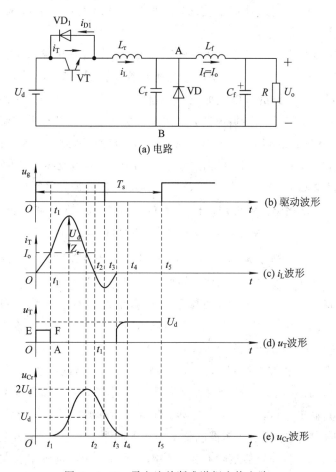

图 $5-1-9$ 零电流关断准谐振变换电路

从波形图可以看出：在 $t=0$ 时对 VT 施加驱动信号 $u_g$ 而导通，$i_T = i_L$ 从零上升，由于电感 $L_r$ 上的感应电动势为左正右负，所以使 VT 上的电压 $u_T$ 减小。如果电感 $L_r$ 足够大，则有可能使 $u_T = 0$，实现软开通；在 $t_2 \leqslant t \leqslant t_3$ 阶段，二极管 $VD_1$ 导通，$u_T = 0$，若此时撤除驱动信号 $u_g$，则 VT 可以在零电流下关断，实现软关断。

必须清楚的是，零电压关断准谐振变换电路也只适合于改变变换电路的开关频率 $f_s$ 来调控输出电压和输出功率的情况。

**2. 零开关 PWM 变换电路**

尽管准谐振变换电路有着开关损耗小、电磁干扰（EMI）少、工作频率高等优点，但同时也存在着开关器件可能承受过高的电流应力和电压应力等问题。此外，在 QRC 电路中，一旦电路参数固定后，电路的谐振过程也就确定下来了，这使得电路唯一可以控制的量是谐振过程完成后到下一次开关周期开始前的一段间隔，这实际上使得电路只能通过改变开关周期来改变输出电压，即采用脉冲频率调制（PFM）方式，这就给系统功率变换的高频变压器、滤波器等参数设计带来了巨大的困难，使 ZCS QRC 和 ZVS QRC 的应用受到了限制。为了解决这些问题，自 20 世纪 80 年代起，许多专家学者研究了能实现恒频控制的软开关技术，并希望通过采用这种技术使之同时具有 PWM 变换电路和准谐振变换技术的优点。

零开关 PWM 变换电路包括零电压（开通）开关 PWM 变换电路（ZVS PWM）与零电流（关断）开关 PWM 变换电路（ZCS PWM）。这类变换电路是 PWM 电路与 QRC 电路的结合，它在准谐振型变换电路的基础上加入一个辅助开关管来控制谐振元件的谐振过程，仅在需要开关状态转变时才启动谐振电路，创造了开关管的零压开通或零流关断条件。谐振电感与主开关器件串联在电路中，开通时承受负载电流，因此，变换电路可按恒定频率 PWM 方式调控输出电压，利用启动准谐振变换电路创造零压或零流条件来开通或关断开关器件。它既可以像 QRC 电路一样通过谐振为主功率开关管创造零电压或零电流开关条件，又可以使电路像常规 PWM 电路一样，通过恒频占空比调制来调节输出电压。

1）零电压（开通）开关 PWM 变换电路（ZVS PWM）

图 5-1-10(a)、(b)所示是 Buck ZVS PWM 变换电路的原理图和主要电量波形图。它由输入电源 $U_d$、主开关管 $VT_1$（包括其反向并联的二极管 $VD_1$）、续流二极管 VD、滤波电感 $L_f$、滤波电容 $C_f$、负载电阻 $R$、谐振电感 $L_r$ 和谐振电容 $C_r$ 构成。$VD_2$ 是辅助开关管 $VT_2$ 的串联二极管。从图 5-1-10(a)中可知，ZVS PWM 变换电路是在 ZVS QRC 电路的谐振电感 $L_r$ 上并联一个辅助开关管 $VD_2$ 和 $VT_2$ 组成的。

从电路的分析过程和波形图可知，ZVS PWM 变换电路既有主开关零电压导通的优点，同时，当输入电压和负载在一个很大的范围内变化时，又可像常规 PWM 那样，通过恒频 PWM 调节其输出电压，从而给变压器、电感器和滤波器的最优化设计创造了良好的条件，克服了 QRC 变换电路中变频控制带来的诸多问题，但是它遗留了原 QRC 变换电路中固有的电压应力较大且与负载变化有关的缺陷。另外，谐振电感串联在主电路中，因此主开关管的 ZVS 条件与电源电压及负载有关。

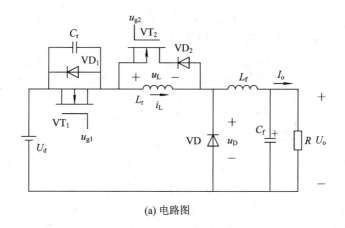

(a) 电路图

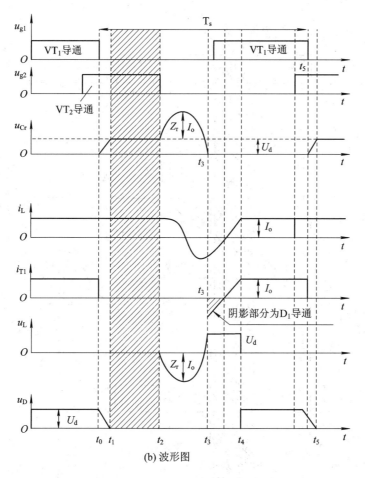

(b) 波形图

图 5-1-10 Buck ZVS PWM 变换电路和主要电量波形图

2) 零电流(关断)开关 PWM 变换电路(ZCS PWM)

图 5-1-11(a)、(b)所示是 Buck ZCS PWM 变换电路的原理图和主要电量波形图。它由输入电源 $U_d$、主开关管 $VT_1$(包括其反向并联的二极管 $VD_1$)、续流二极管 VD、滤波电感 $L_f$、滤波电容 $C_f$、负载电阻 $R$、谐振电感 $L_r$ 和谐振电容 $C_r$ 构成，$VD_2$ 是辅助开关管 $VT_2$

的并联二极管。从图 5-1-11(a)中可知，ZCS PWM 变换电路是在 ZCS QRC 电路的谐振电容 $C_r$ 上并联一个辅助开关管 $VT_2$ 和其并联的 $VD_2$ 组成的。

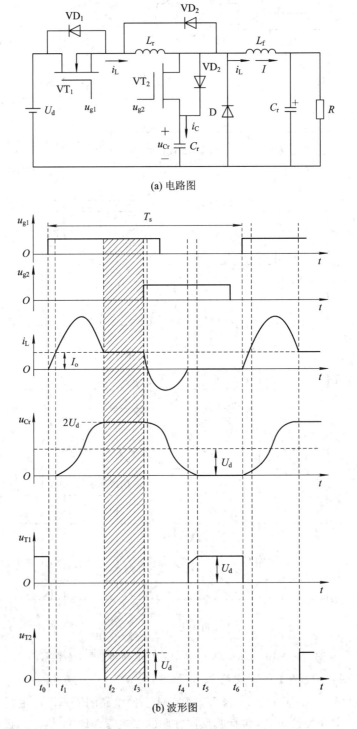

(a) 电路图

(b) 波形图

图 5-1-11 Buck ZCS PWM 变换电路的原理图和主要电量波形图

从电路的分析过程和波形图可知，ZCS PWM 变换电路保持了 ZCS QRC 电路中主开关管零电流关断的优点。同时，当输入电压和负载在一个很大范围内变化时，又可像常规的 PWM 变换电路那样通过恒定频率 PWM 控制调节输出电压，且主开关管电压应力小。其主要特点与 ZCS QRS 电路是一样的，即主开关管电流应力大，续流二极管电压应力大。由于谐振电感仍保持在主功率能量的传递通路上，因此实现 ZCS 的条件与电网电压、负载变化有很大的关系。

### 3. 零转换 PWM 变换电路

前面所讨论的各种软开关变换电路，包括准谐振变换电路 QRC、零电压开关 ZVS PWM 变换电路、零电流开关 ZCS PWM 变换电路等，通过在常规的 PWM 硬开关变换电路的基础上加上辅助谐振回路，利用电路中的谐振，使通过开关器件的电压或电流呈准正弦波形，从而为开关器件的导通或关断创造了零电压或零电流开关条件，实现了软开关，有效地减小了开关器件的损耗，然而它们共同的问题是在实现电路软开关的同时又带来了很多新的问题。

首先，与常规的硬开关变换电路相比，它们增加了电路中开关管的电压或电流应力，使电路中的导通损耗明显增加，从而部分地丧失了开关损耗降低的优点。同时，辅助谐振电路中的电感和电容由于电应力大造成的体积增大，也部分抵消了功率变压器和滤波元件体积、重量减小的优点。

另外，由于谐振电感与主开关管串联，因此 $L_r$ 除承受谐振电流外还要供给负载电流，电源供给负载的全部能量都要通过谐振电感 $L_r$，这就使电路中存在很大的环流能量，增大了电路导通损耗。此外，$L_r$ 串接入主开关电路中还使电感 $L_r$ 的储能极大地依赖输入电压 $U_d$ 和负载电流 $I_o$，电路很难在一个很宽的输入电压变化范围内和负载电流大范围变化时满足零电压、零电流的开关条件。

如果谐振电感 $L_r$ 不是与主开关串联，而是将 $L_r$ 及辅助开关 $VT_2$ 与主开关并联，控制辅助开关的开通、截止产生 $LC$ 振荡，使主开关实现零电流关断或零电压开通，这种变换器被称为零电流转换（关断）开关 PWM 变换电路（ZCT PWM）和零电压转换（开通）开关 PWM 变换电路（ZVT PWM）。

在 ZCT PWM 和 ZVT PWM 中主功率开关器件变换的很短一段时间间隔内，导通辅助开关管使辅助谐振电路起作用，为主功率开关器件创造零电压或零电流的开关条件。转换过程结束后，电路返回常规的 PWM 工作方式。由于辅助谐振电路与主功率开关器件并联，因而在使主开关器件软开关工作的同时，并没有增加过高的电压或电流应力，同时，辅助谐振电路并不需要处理很大的环流能量，因而减小了电路的导通损耗。另外，谐振电路所处的位置使其不受输入电压或输出负载的影响，电路可以在很宽的输入电压和输出负载变化范围内在软开关条件下工作。所有这些特点使得零转换电路成为目前在工程实际应用中最有发展前途的功率变换电路拓扑之一。

近年来零转换变换器受到广泛研究，已经涌现了很多种不同结构的变换电路，但是至今无论是电路拓扑结构还是控制策略都还在不断发展完善之中，还没有公认的特性完善、较大功率的零转换 PWM 变换器可供实用。下面对零转换 PWM 变换开关的基本形式及其在 Boost 电路中的应用作简单的介绍，以供读者参考。

1) 零电流转换开关 PWM 变换电路(ZCT PWM)

图 5 - 1 - 11 所示为基本零电流转换开关,其中辅助谐振电路由辅助开关管 VT$_1$、谐振电感 L$_r$、谐振电容 C$_r$ 及辅助二极管 VD$_1$ 构成。将此开关应用到其他 PWM 变换电路中,可以得到不同的零电流转换开关 PWM 变换电路。

与前述多种软开关功率变换器电路相比,ZCT PWM 电路具有明显的优点。首先,它可以使主功率开关管在零电流条件下关断,从而极大地降低了类似 IGBT 这种具有很大电流拖尾的大功率半导体器件的关断损耗,与此同时,几乎没有明显增加主功率开关管及二极管的电压、电流应力。虽然在 VT 的导通电流波形上叠加有一个明显的正弦型脉冲,但由于谐振周期远小于开关周期,因此通过主功率开关管的电流平均值与常规 PWM 电路基本上是相同的,对主功率开关管的通态损耗影响微乎其微。其次,谐振电路可以自适应地根据输入电压和输出负载调整自己的环流能量。再次,它的软开关条件与输入和输出无关,这使它可以在一个很宽的输入电压和输出负载变化范围内实现软开关操作。另外,ZCT PWM 电路可以像常规 PWM 硬开关电路一样以恒频方式工作。

虽然 ZCT PWM 电路具有上述一系列明显的优点,但它不是完美的。尽管电路中主功率开关管是在零电流条件下关断的,但它的开通却是典型的硬开关过程。在其开通瞬间,由于二极管的反向恢复特性,在主功率开关管中会产生一个很大的电流尖峰,这一尖峰既危害了主功率开关管和二极管的安全运行,又增加了开关损耗。另外,ZCT PWM 电路的辅助开关管在零电流条件下导通,但其关断却是硬开关过程。如果对其控制方式的改进和拓扑结构的改进能解决 ZCT PWM 电路的不足,将会使得 ZCT PWM 电路在工程实用中具有更大的应用价值。

2) 零电压转换开关 PWM 变换电路(ZVT PWM)

图 5 - 1 - 12 所示为基本零电压转换开关,其中辅助谐振电路由辅助开关管 VT$_1$、谐振电感 L$_r$、谐振电容 C$_r$ 及辅助整流二极管 VD$_1$ 构成。由图 5 - 1 - 12 可知,它与基本 ZCT PWM 电路的区别是谐振电容 C$_r$ 的位置变了。将此开关应用到其他 PWM 变换电路中,可以得到不同的零电压转换开关 PWM 变换电路。

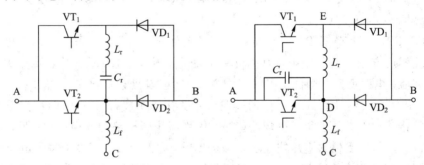

图 5 - 1 - 12  基本零电压转换开关

分析表明,ZVT PWM 电路主功率管在零电压下完成导通和关断,有效地消除了主功率二极管的反向恢复特性的影响,同时又不过多地增加主功率开关管与主功率二极管的电压和电流应力。

# 任务二 电力电子技术在变频调速中的应用

## 学习目标

◆ 掌握 SPWM 变频装置的原理。
◆ 了解矿用提升机变频调速系统的优点及结构。

## 技能目标

◆ 会利用变频调速等的相关内容对变频调速系统进行原理分析。

### 5.2.1 SPWM 变频调速装置

图 5-2-1 所示为一种开环控制的 SPWM 的变频调速系统结构简图。它由二极管整流电路、能耗制动电路、逆变电路和控制电路组成,逆变电路采用 IGBT 器件,为三相桥式 SPWM 逆变电路。下面主要介绍能耗制动电路和控制电路的工作原理。

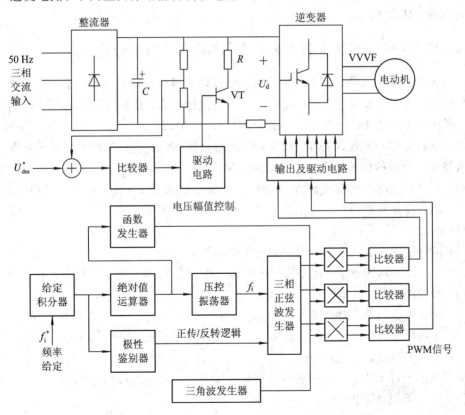

图 5-2-1 开环控制的 SPWM 的变频调速系统结构简图

1）能耗制动电路

在图 5-2-1 中，$R$ 为外接能耗制动电阻，当电机正常工作时，电力晶体管 VT 截止，$R$ 中没有电流流过。当快速停机或逆变器输出频率急剧降低时，电机将处于再生发电状态，向滤波电容 $C$ 充电，直流电压 $U_d$ 升高；当 $U_d$ 升高到最大允许电压 $U_{dmax}$ 时，功率晶体管 VT 导通，接入电阻 $R$，电机进行能耗制动，以防止 $U_d$ 过高，危害逆变器的开关器件。

2）控制电路

给定积分器的输出信号的极性决定电机正反转：当输出为正时，电机正转；反之，电机反转。给定积分器的输出信号的大小控制电机转速的高低。不论电机是正转还是反转，输出频率和电压的控制都需要正的信号，因此需加一个绝对值运算器。绝对值运算器的一路输出经函数发生器，实现低频电压补偿，以保证在整个调频范围内实现输出电压和频率的协调控制；绝对值运算器输出电压的另一路经过压控振荡器，形成频率为 $f_i$ 的脉冲信号，由此信号控制三相正弦波发生器，产生频率与 $f_i$ 相同的三相标准正弦波信号，该信号同函数发生器的输出相乘后形成逆变器的输出指令信号。同时，给定积分器的输出经极性鉴别器来确定正反转逻辑后，去控制三相标准正弦波的相序，从而决定输出指令信号的相序。输出指令信号与三角波比较后形成三相 PWM 控制信号，再经过输出电路和驱动电路，控制逆变器中 IGBT 的通断，使逆变器输出所需频率、相序和大小的交流电压，从而控制交流电机的转速和转向。

## 5.2.2　电力电子技术在变频调速系统中的应用

现在大多数矿用提升机还在沿用传统的线绕转子异步电动机，用转子串电阻的方法调速。这种调速属于有级调速，起动电流和换挡电流冲击大；中高速运行振动大，制动不安全、不可靠，对再生能量处理不力，斜井提升机运行中调速不连续，容易掉电，故障率高。矿用生产往往是多小时连续作业，即使短时间的停机维修也会给生产带来很大损失。

若将潜油电泵的传统供电方式改造为变频调速控制，则能达到以下优良的性能指标：

（1）可以实现电动机的软起动、软停车，减少了机械冲击，使运行更加平稳可靠。

（2）起动及加速换挡时冲击电流很小，减轻了对电网的冲击，简化了操作，降低了工人的劳动强度。

（3）运行速度曲线成 $S$ 形，使加减速平滑，无撞击感。

（4）安全保护功能齐全，除一般的过电压、欠电压、过载、短路、温升等保护外，还设有联锁、自动限速保护功能等。

（5）设有直流制动、能耗制动、回馈制动等多种制动方式，使安全更加有保障。

（6）该系统四象限运行，回馈能量直接返回电网且不受回馈能量大小的限制，适应范围广，节能效果明显。

矿用提升机设备为交-直-交电压型变频调速系统，原理图如图 5-2-2 所示。该系统的运行主要分为两个过程：

（1）绞车电机作为电动机的过程，即正常的逆变过程。该过程主要由整流、滤波和正常逆变三大部分组成。其中，正常逆变过程是其核心部分，它改变电动机定子的供电频率，从而改变输出电压，起到调速作用。

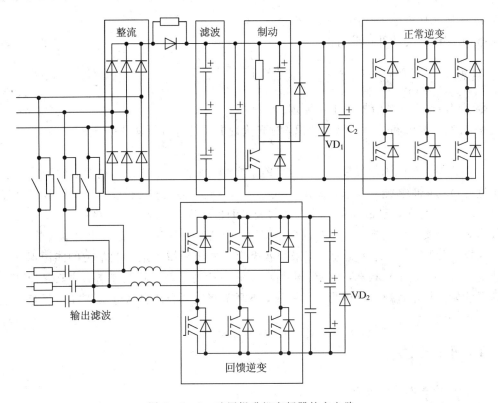

图 5-2-2　矿用提升机变频器的主电路

（2）绞车电机作为发电机的过程，即能量回馈过程。该过程主要由整流、回馈逆变和输出滤波三部分组成。其中，该部分的整流由正常逆变部分中 IGBT 的续流二极管完成，二极管 VD$_1$ 和 VD$_2$ 为隔离二极管，其主要作用是隔离正常逆变部分和回馈逆变部分。电解电容 C$_2$ 的主要作用是为回馈逆变部分提供一个稳定的电压源，保证逆变部分运行更可靠。回馈逆变部分是整个回馈过程的核心部分，该部分实现回馈逆变输出电压相位与电网电压相位的一致。因为回馈逆变输出的是调制波，故为保证逆变的正常工作以及减少对电网的污染，特增加了一个输出滤波部分，使该系统的可靠性更加稳定。

鉴于矿区电压的波动性比较大的事实，变频器的回馈条件是要和电网电压有一个固定的电压差值，假若某时刻电网电压比较高，再加上回馈时的固定电压差值，则此时变频器的母线电压就会达到一个比较高的电压值，如果再有重车下滑，则母线电压会更高。此时的高电压就有可能威胁到变频器的大功率器件的安全，为此，该系统又加了一个刹车部分，以保证变频器的安全。

# 任务三　电力电子装置在新能源技术中的应用

**学习目标**

◆ 掌握开关电源的原理。

◆ 掌握不间断电源（UPS）的分类及工作原理。

◆ 掌握光伏发电系统的组成。

◆ 了解静止无功补偿装置的类型及各自的特点。

## 技能目标

◆ 会分析 UPS 整流器的工作原理。

◆ 会利用整流和逆变的相关知识，对光伏发电系统进行原理分析。

世界范围内新能源的发展势不可挡，前景广阔。为促进全球尤其是发展中国家新能源的推进并拉动全球新能源需求，2009 年成立了国际新能源机构，目前其成员国数量已经上升到 75 个，新能源也已成为各国综合实力较量的主战场。随着各国的共同努力，全球新能源技术等综合实力不断提高，发电机组总容量、产品产量等都保持逐年上升的态势。

风能、太阳能、生物质能近十年来发展成为新能源领域中最有竞争力的能源形式。太阳能消费近年呈现平稳状态，风能、生物质能的消费则呈快速增长态势，尤其是风能。这些新兴的能源技术都离不开电力电子装置，本环节将主要介绍电力电子装置在新能源中的应用。

### 5.3.1 开关电源

#### 1. 开关电源的工作原理

稳压电源通常分为线性稳压电源和开关稳压电源。

线性稳压电源是指起电压调整功能的器件始终工作在线性放大区的直流稳压电源，由 50 Hz 工频变压器、整流器、滤波器、串联调整稳压器组成，其原理框图如图 5-3-1 所示。它虽然具有优良的纹波及动态响应特性，但同时存在以下缺点：

(1) 输入采用 50 Hz 工频变压器，体积庞大。

(2) 电压调整器件工作在线性放大区内，损耗大，效率低。

(3) 过载能力差。

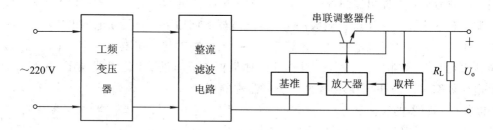

图 5-3-1 线性稳压电源方框图

开关稳压电源简称开关电源（Switching Power Supply），它是起电压调整功能的电力电子器件始终以开关方式工作的一种直流稳压电源。图 5-3-2 所示为输入输出隔离的开关电源原理框图，50 Hz 单相交流 220 V 电压或三相交流 220 V/380 V 电压经 EMI 防电磁干扰电源滤波器，直接整流滤波，再将滤波后的直流电压经变换电路变换为数十千赫或数百千赫的高频方波或准方波电压，通过高频变压器隔离并降压（或升压）后，再经高频整流、滤波电路，最后输出直流电压。通过取样、比较、放大及控制、驱动电路，控制变换器中功率开关管的占空比，便能得到稳定的输出电压。

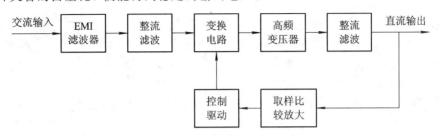

图 5-3-2　开关电源原理框图

开关电源的优点如下：

（1）功耗小、效率高。

开关管中的开关器件交替地工作在导通—截止和截止—导通的开关状态，转换速度快，这使得开关管的功耗很小，电源的效率可以大幅度提高，可达 90%～95%。

（2）体积小、重量轻。

开关电源效率高，损耗小，则可以省去或减小较大体积的散热器；隔离变压用的高频变压器取代工频变压器，可大大减小元器件的体积和重量；因为开关频率高，输出滤波电容的容量和体积可大大减小。

（3）稳压范围宽。

开关电源的输出电压由占空比来调节，输入电压的变化可以通过调节占空比的大小来补偿，这样在工频电网电压变化较大时，它仍能保证有较稳定的输出电压。

（4）电路形式灵活多样。

设计者可以发挥各种类型电路的特长，设计出能满足不同应用场合的开关电源。

开关电源的缺点主要是存在开关噪声干扰。在开关电源中，开关器件工作在开关状态，它产生的交流电压和电流会通过电路中的其他元器件产生尖峰干扰和谐振干扰，这些干扰如果不采取一定的措施进行抑制、消除和屏蔽，就会严重地影响整机的正常工作。此外，这些干扰还会串入工频电网，使附近的其他电子仪器、设备和家用电器受到干扰。因此，设计开关电源时，必须采取合理的措施来抑制其自身产生的干扰。

**2. 开关电源的应用**

图 5-3-3 所示为由开关电源构成的电力系统用直流操作电源的电路原理图，它的主电路采用半桥变换电路，额定输出直流电压为 220 V，输出电流为 10 A。它包含图 5-3-2 中所有基本功能块，下面简单介绍各功能块的具体电路。

1）交流进线滤波器

为了满足有关的电磁干扰（EMI）标准，防止开关电源产生的噪声进入电网，或者防止电网的噪声进入开关电源内部，干扰开关电源的正常工作，必须在开关电源的输入端施加 EMI 滤波器。图 5-3-4 所示为一种常用的高性能 EMI 滤波器，该滤波器能同时抑制共模和差模干扰信号。$C_{c1}$、$L_c$ 和 $C_{c2}$ 构成的低通滤波器用来抑制共模干扰信号，其中 $L_c$ 称为共模电感，其两组线圈匝数相等，但绕向相反，对差模信号的阻抗为零，而对共模信号产生很大的阻抗。$C_{d1}$、$L_d$ 和 $C_{d2}$ 构成的低通滤波器则用来抑制差模干扰信号。

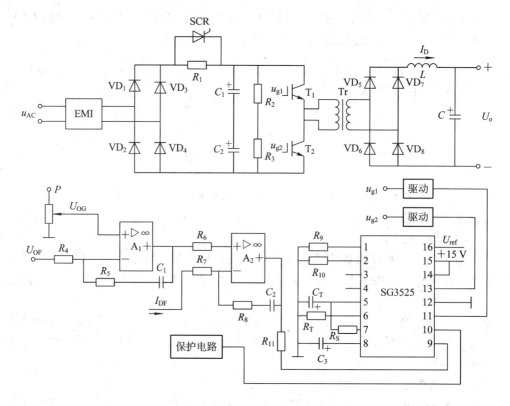

图 5 - 3 - 3  直流操作电源电路原理图

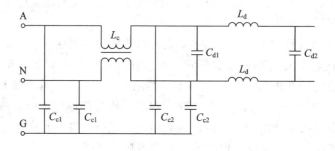

图 5 - 3 - 4  交流进线 EMI 滤波器

**2）启动浪涌电流抑制电路**

开启电源时，由于给滤波电容 $C_1$ 和 $C_2$ 充电，会产生很大的浪涌电流，其大小取决于启动时交流电压的相位和输入滤波器的阻抗。抑制启动浪涌电流最简单的办法是在整流桥的直流侧和滤波电容之间串联具有负温度系数的热敏电阻，启动时电阻处于冷态，呈现较大的电阻，从而可抑制启动电流；启动后，电阻温度升高，阻值降低，以保证电源具有较高的效率。但是由于电阻在电源工作的过程中具有损耗，降低了电源的效率，因此，该方法只适合小功率电源。对于大功率电路，将上述热敏电阻换成普通电阻，同时在电阻的两端并联晶闸管开关，电源启动时晶闸管开关关断，由电阻限制启动浪涌电流，当滤波电容的充电过程完成后，触发晶闸管，使之导通，从而达到短路限流电阻的目的。

3）输出整流电路

高频隔离变压器的输出为高频交流电压，要获得直流电压，必须具有整流电路。小功率电源通常采用半波整流电路，而大功率电源则采用全波或桥式整流电路。输出高频整流电路所采用的整流二极管必须是快恢复二极管，整流后再通过高频 $LC$ 滤波则可获得所需要的直流电压。

4）控制电路

控制电路是开关电源的核心，它决定开关电源的动稳态特性。该开关电源采用双环控制方式，电压环为外环控制，电流环为内环控制。输出电压的反馈信号 $U_{OF}$ 与电压给定信号 $U_{OG}$ 相减，其误差信号经 PI 调节器后形成输出电感电流给定信号，再与电感电流反馈信号 $I_{OF}$ 相减得电流误差信号，经 PI 调节器后送入 PWM 控制器 SG 3525，然后与控制器内部三角波比较形成 PWM 信号。该 PWM 信号再通过驱动电路去驱动主电路 IGBT。如果输出电压因种种原因降低，即反馈电压 $U_{OF}$ 小于给定电压，则电压调节器误差放大器输出电压升高，即电感电流给定信号增大，电感电流给定信号增大又导致电流调节器的输出电压增大，使得 PWM 信号的占空比增大，最后达到所需要的输出电压。这就是说增大电感电流便可增大输出电压。

## 5.3.2　有源功率因数校正

随着电力电子技术的发展，越来越多的电力电子设备接入电网运行，这些设备的输入端往往包含不可控或相控的单相或三相整流桥，造成交流输入电流严重畸变，由此产生大量的谐波注入电网。电网谐波电流不仅会引起变压器和供电线路过热，降低电器的额定值，而且会产生电磁干扰，影响其他电子设备正常运行。因此，许多国家和组织制订了限制用电设备谐波的标准，对用电设备注入电网的谐波和功率因数都作了具体明确的限制。这就要求生产电力电子装置的厂家必须采取措施来抑制其产品注入电网的谐波，以提高其产品的功率因数。

抑制谐波的传统方法是采用无源校正，即在主电路中串入无源 $LC$ 滤波器。该方法虽然简单可靠，并且在稳态条件下不产生电磁干扰，但是，它有以下缺点：

① 滤波效果取决于电网阻抗与 $LC$ 滤波器阻抗之比，当电网阻抗或频率发生变化时，滤波效果不能保证，动态特性差。

② 可能会与电网阻抗发生并联谐振，从而导致系统无法正常工作。

③ $LC$ 滤波器体积庞大。

因此，无源校正目前一般用于抑制高次谐波，如需进一步抑制装置的低次谐波，提高装置的功率因数，目前大多采用有源功率因数校正技术。

有源功率因数校正技术（PFC）就是在传统的整流电路中加入有源开关，通过控制有源开关的通断来强迫输入电流跟随输入电压的变化而变化，从而获得接近正弦波的输入电流和接近 1 的功率因数。目前，单相电路 PFC 技术已经成熟，其产品开始进入实用化阶段。

下面以单相电路为例，介绍 PFC 技术的工作原理。

从原理上说，任何一种 DC - DC 变换电路，例如 Boost、Buck、Buck - Boost、Flyback、Sepic 和 Cuk 电路等，均可用作 PFC 主电路。但是，由于 Boost 变换电路的特殊优点，将其用于 PFC 主电路更为广泛。

本节以 Boost 电路为例，说明有源功率因数校正电路的工作原理。图 5-3-5 所示 Boost-PFC 电路的工作原理，主电路由单相桥式整流电路和 Boost 变换电路组成，点画线框内为控制电路，包含电压误差放大器 VA 及基准电压 $U_r$、乘法器、电流误差放大器 CA、脉宽调制器和驱动电路。

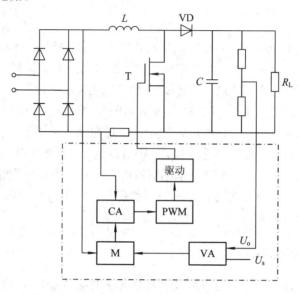

图 5-3-5　Boost-PFC 电路

PFC 的工作原理如下：输出电压 $U_o$ 和基准电压 $U_r$ 比较后，误差信号经电压误差放大器 VA 以后送入乘法器，与全波整流电压取样信号相乘以后形成基准电流信号，基准电流信号与电流反馈信号相减，误差信号经电流误差放大器 CA 后再与锯齿波相比较形成 PWM 信号，然后经驱动电路控制主电路开关管 T 的通断，使电流跟踪基准电流信号变化。由于基准电流信号同时受输入交流电压和输出直流电压调控，因此，当电路的实际电流与基准电流一致时，既能实现输出电压恒定，又能保证输入电流为正弦波，并且与电网电压同相，从而获得接近 1 的功率因数。

根据上面的分析，PFC 电路与一般开关电源的区别在于：

① PFC 电路不仅反馈输出电压，还反馈输入电流平均值。

② PFC 电路的电流环基准信号为电压环误差信号与全波整流电压取样信号的乘积。

### 5.3.3　不间断电源(UPS)

随着计算机应用的日益普及和全球信息网络化的发展，对高质量供电设备的需求越来越大，不间断电源(Uninterruptible Power Supply)正是为了满足这种情况而发展起来的电力电子装置。UPS 系统是为重要负载提供不受电网干扰，具有稳压、稳频的不间断电源供应的重要设备。

#### 1. UPS 的分类

UPS 电源主要由 UPS 主机和 UPS 电池组成。主机主要由整流器、蓄电池、逆变器和静态开关等几部分组成。根据工作方式，UPS 分后备式 UPS、在线式 UPS 和在线互动式三大类。

1）后备式 UPS

后备式 UPS 具备了自动稳压、断电保护等 UPS 最基础也最重要的功能。后备式 UPS 的基本结构如图 5-3-6 所示，它由充电器、蓄电池、逆变器、交流稳压器、转换开关等部分组成。市电存在时，逆变器不工作，市电经交流稳压器稳压后，通过转换开关向负载供电，同时充电器工作，对蓄电池组充电。市电掉电时，逆变器工作，将蓄电池供给的直流电压变换成稳压、稳频的交流电压，转换开关的同时断开市电通路，接通逆变器，继续向负载供电。

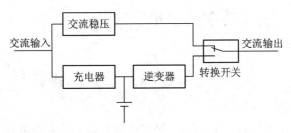

图 5-3-6　后备式 UPS 基本结构

后备式 UPS 的逆变器输出电压波形有方波、准方波和正弦波三种方式。当后备式 UPS 输出的交流电为方波时，只能供电给电容性负载（电脑、监视器等）。后备式 UPS 结构简单、成本低、运行效率高、价格便宜，但其输出电压稳压精度差，市电掉电时，输出有转换时间。目前市场上出售的后备式 UPS 均为小功率型的，一般在 2 kV·A 以下。

2）在线式 UPS

在线式 UPS 的基本结构如图 5-3-7 所示，它由整流器、逆变器、蓄电池组、静态转换开关等部分组成。在线式 UPS 的运作模式为：市电和用电设备是隔离的，市电不会直接供电给用电设备，而是到了 UPS 就被转换成直流电，具体的工作过程如下：正常工作时，市电经整流器变成直流后，再经逆变器变换成稳压、稳频的正弦波交流电压供给负载。当市电掉电时，由蓄电池组向逆变器供电，以保证负载不间断供电。如果逆变器发生故障，UPS 则通过静态开关切换到旁路，直接由市电供电，当故障消失后，UPS 又重新切换到由逆变器向负载供电。在线式 UPS 优点是输出的波形和市电一样是正弦波，而且纯净无杂讯，不受市电不稳定的影响，可供电给电感性负载，例如电风扇，只要 UPS 输出功率足够，可以供电给任何使用市电的设备。

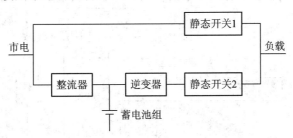

图 5-3-7　在线式 UPS 的基本结构

3）在线互动式 UPS

在线互动式 UPS（如图 5 - 3 - 8 所示）由交流稳压器、交流开关、逆变器、充电器、蓄电池组等组成。当市电正常时，经交流稳压器后直接输给负载，此时，逆变器工作在整流状态，作为充电器向蓄电池组充电。当市电掉电时，逆变器则将电池能量转换为交流输出给负载。其特点是有较宽的输入电压范围、噪音低、体积小等。

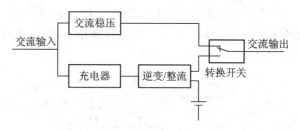

图 5 - 3 - 8　在线互动式 UPS 的基本结构

### 2. UPS 中的整流器

对于小功率 UPS，整流器一般采用二极管整流电路，它的作用是向逆变器提供直流电源，蓄电池充电由专门的充电器来完成。而对于中大功率 UPS，它的整流器具有双重功能，在向逆变器提供直流电源的同时，还要向蓄电池进行充电，因此，整流器的输出电压必须是可控的。

中大功率 UPS 的整流器一般采用相控式整流电路。相控式整流电路结构简单，控制技术成熟，但交流输入功率因数低，并向电网注入大量的谐波电流。目前，对于大容量 UPS 大多采用 12 相或 24 相整流电路，整流电路的相数越多，则输入功率因数越高，注入电网的谐波含量也就越低。除了增加整流电路的相数外，还可以通过在整流器的输入侧增加有源或无源滤波器来滤去 UPS 注入电网的谐波电流。

目前，比较先进的 UPS 采用 PWM 整流电路，可以做到注入电网的电流基本接近正弦波，使其功率因数接近 1，大大降低了 UPS 对电网的谐波污染。下面以单相电路为例，说明 PWM 整流电路的工作原理。

将逆变电路中的 SPWM 技术应用于整流电路，便得到 PWM 整流电路。图 5 - 3 - 9 所示为单相 PWM 整流电路的原理框图，其主电路开关器件采用全控型器件 IGBT。通过对 PWM 整流电路中开关器件的适当控制，不仅能获得稳定的输出电压，而且还使整流电路的输入电流非常接近正弦波，功率因数近似为 1。同 SPWM 逆变电路控制输出电压相类

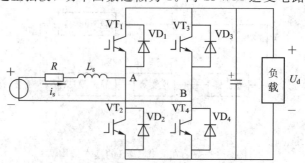

图 5 - 3 - 9　单相 PWM 整流电路的原理框图

似，可在 PWM 整流电路的交流输入端 AB 间产生一个正弦波调制 PWM 波 $u_{AB}$，$u_{AB}$ 中除了含有与电源同频率的基波分量外，还含有与开关频率有关的高次谐波。由于电感 $L_s$ 的滤波作用，这些高次谐波电压只会使交流电流 $i_s$ 产生很小的脉动，如果忽略这种脉动，$i_s$ 为频率与电源频率相同的正弦波。在交流电源电压 $u_s$ 一定时，$i_s$ 的幅值和相位由 $u_{AB}$ 中基波分量的幅值及其与 $u_s$ 的相位差决定。改变 $u_{AB}$ 中基波分量的幅值和相位，就可以使 $i_s$ 与 $u_s$ 同相位，电路工作在整流状态，且功率因数为 1。这就是 PWM 整流电路的基本工作原理。

图 5-3-10 所示为单相 PWM 整流电路采用直接电流控制时的控制系统结构简图。直流输出电压给定信号 $U_d^*$ 和实际的直流电压 $U_d$ 比较后送入 PI 调节器，PI 调节器的输出即为整流器交流输入电流的幅值，它与标准正弦波相乘后形成交流输入电流的给定信号 $i_s^*$，$i_s^*$ 与实际的交流输入电流 $i_s$ 进行比较，误差信号经比例调节器放大后送入比较器，再与三角载波信号比较形成 PWM 信号，该 PWM 信号经驱动电路后去驱动主电路开关器件，便可使实际的交流输入电流跟踪指令值，从而达到控制输出电压的目的。

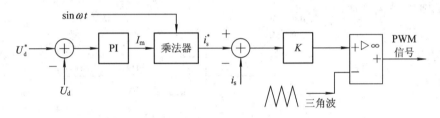

图 5-3-10　直接电流控制系统结构图

### 3. UPS 中的逆变器

正弦波输出 UPS 通常采用 SPWM 逆变器，有单相输出，也有三相输出。下面以单相输出 UPS 为例，分析逆变器的工作原理。图 5-3-11 所示为单相输出 UPS 逆变器的原理框图，它由主电路、控制电路、输出隔离变压器和滤波电路等构成。主电路采用全桥逆变电路，对于小功率 UPS，开关器件一般为 MOSFET，而对于大功率 UPS，则采用 IGBT。为了滤去开关频率噪声，输出采用 $LC$ 滤波电路，因为开关频率较高，一般大于 20 kHz，因此，采用较小的 $LC$ 滤波器便能滤去开关频率噪声。输出隔离变压器实现逆变器与负载隔离，避免它们之间电的直接联系，从而减少干扰。另外，为了节约成本，绝大多数 UPS 利用隔离变压器的漏感来充当输出滤波电感，从而可以省去图 5-3-11 的电感 $L$。

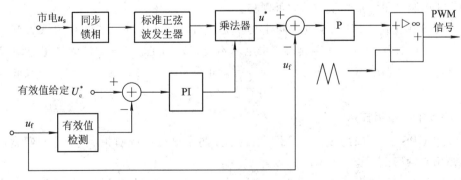

图 5-3-11　UPS 逆变器及其控制原理框图

为了保证逆变器供电和旁路供电之间能可靠无间断切换，则逆变器必须实时跟踪市电，使输出电压与旁路电压同频率、同相位、同幅值。图 5－3－11 中，市电经同步锁相电路得到与市电同步的 50 Hz 方波，将其输入标准正弦波发生器，便能产生与市电同步的标准正弦波信号。该标准正弦波信号与输出有效值调节器的输出相乘后便得到输出电压瞬时值给定信号 $u^*$，再与输出电压瞬时值反馈信号 $u_f$ 相减，误差信号经 P 调节器后，再与三角载波信号相比较，得到 PWM 信号，该信号经驱动电路后分别去驱动主电路的开关器件，从而达到控制输出电压的目的。

### 4. UPS 中的静态开关

为了进一步提高 UPS 的可靠性，在线式 UPS 和在线互动式 UPS 均装有静态开关，将市电作为 UPS 的后备电源，在 UPS 发生故障或维护检修时，不间断地将负载切换到市电上，由市电直接供电。静态开关的主电路比较简单，一般由两只晶闸管开关反向并联组成，一只晶闸管用于通过正半周电流，另一只晶闸管则用于通过负半周电流。单相输出 UPS 的静态开关图 5－3－12 所示。

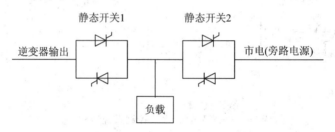

图 5－3－12 单相输出 UPS 的静态开关原理图

静态开关的切换有两种方式：同步切换和非同步切换。在同步切换方式中，为了保证在切换的过程中供电不间断，静态开关的切换为先通后断。假设负载由逆变器供电，由于某种故障，例如蓄电池电压太低，需要由逆变器供电转向旁路供电，切换时，首先触发静态开关 2，使之导通，然后再封锁静态开关 1 的触发脉冲，由于晶闸管导通以后，即使除去触发脉冲，它仍然保持导通，只有等到下半个周波到来时，使其承受反压，才能将其关断，因此，便存在静态开关 1 和静态开关 2 同时导通的现象，此时，市电和逆变器同时向负载供电。为了防止环流的产生，逆变器输出电压必须与市电同频、同相、同幅度。这就要求在切换的过程中，逆变器必须跟踪市电的频率、相位和幅值。如果不满足同频、同相、同幅度的条件，则不能采用同步切换方式，否则将会把逆变器烧坏。

绝大部分在线式 UPS 除了具有同步切换方式外，还具有非同步切换方式。当需要切换时，由于某种故障，UPS 的逆变器输出电压不能跟踪市电，此时，只能采用非同步切换方式，即先断后通切换方式。首先封锁正在导通的静态开关触发脉冲，延迟一段时间，待导通的静态开关关断后，再触发另外一路静态开关。

### 5. UPS 中的锁相技术

在线式 UPS 中，有时要求变频器输出的电压与市电压保持同频、同相、同幅度，即变频器的输出必须跟踪市电的变化，这就需要锁相技术。

锁相就是利用两个信号的相位差，通过转换装置形成控制信号，以强迫两个信号相位同步的一种自动控制系统，称为锁相环或环路。

基本的锁相环路由鉴相器、低通滤波器和压控振荡器组成，如图 5-3-13 所示。鉴相器也叫相位比较器，它将周期性变化的输入信号相位(从市电或本机振荡获得)与反馈信号的相位(从压控振荡器的输出获得)进行比较，产生对应于与两信号相位差成正比的直流误差电压信号 $u(t)$，该信号可以调整压控振荡器的频率，以达到与输入信号同步的目的。低通滤波器用来滤除鉴相器输出电压中的高频分量和噪声，只有直流分量才对压控振荡器起控制作用。为了提高系统的动态特性即改善动态跟踪性，在低通滤波之后加一个由比例积分放大器组成的调节器可改善捕捉过程中的调节性能。压控振荡器是一个由电压来控制振荡频率的器件，振荡器在未加控制电压时的振荡频率称为固有振荡频率，用 $f_{固}$ 表示。当振荡器的瞬时频率 $f_v$ 与输入信号的频率 $f_i$ 不相同时，由于电压的相位值是频率变化值的积分，因而频率的变化会引起电压相位差的变化，而有相位差的变化就有误差电压产生，该误差电压经低通滤波器去控制压控振荡器的输出频率，使其朝着输入频率的方向变化，使二者同步。

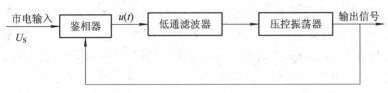

图 5-3-13　基本锁相环路的方框图

## 5.3.4　静止无功补偿装置

随着电网复杂性的进一步增加，以及社会对安全、可靠、可控、经济和高质量电能需求的不断增长，电力技术发展出现了柔性输电(FACTS)技术，并已在国内外得到大量的应用，可以预见，未来电网发展中柔性输电技术的应用将会越来越广泛。FACTS 的概念是美国电力研究院于 1986 年提出的，采用 FACTS 技术的主要目的是提高输电系统的可控性、稳定性和利用率，大功率可控半导体器件制造技术以及微电子控制技术的进步使 FACTS 技术的发展成为可能。经过近 30 年的发展，FACTS 技术已经取得了重大的进展，许多成熟的 FACTS 技术已经在电力系统中得到了商业化应用，特别是在大型的互联电网运行中，FACTS 技术的应用已经成为控制电力系统潮流、保证电网安全稳定运行的重要手段。

FACTS 技术包括了一系列由大功率电力电子器件所构成的设备(或称控制器)。FACTS 技术又称灵活交流输电技术，是指将高电压、大容量电力电子技术与现代控制技术结合，以实现对电力系统电压、参数(如线路阻抗)、相位角及有功/无功功率潮流的连续、快速、灵活的调节控制(HVDC 除外)，从而大幅度提高输电线路的输送能力和提高电力系统稳定水平，降低输电损耗。FACTS 在电网有功和无功潮流调节和稳定控制方面具有十分明显的优势。主要的 FACTS 装置包括静止无功补偿器(SVC)和晶闸管控制的串联电容器(TCSC)、静止无功同步补偿器(STATCOM)、晶闸管控制移相变压器(TCPST)、静止同步串联补偿器(SSSC)，统一潮流控制器(UPFC)、相间功率控制器(IPC)、晶闸管控制制动电阻器(TCBR)、晶闸管控制电压限制器(TCVL)，电池储能系统(BESS)及超导磁能储存器(SMES)。根据结构原理的不同，FACTS 技术又分为自饱和电抗器型(SSR)、晶闸管相控电抗器型(TCR)、晶闸管投切电容器型(TSC)、高阻抗变压器型(TCT)和励磁控制的电抗器型(AR)等。本节重点介绍静止无功补偿器。

静止无功补偿器(SVC),其静止是相对于发电机、调相机等旋转设备而言的,它可快速改变发出的无功功率,具有较强的无功调节能力,可为电力系统提供动态无功电源,调节系统电压。当系统电压较低、重负荷时 SVC 能输出容性无功功率;当系统电压较高、轻负荷时 SVC 能输出感性无功功率。SVC 通过动态调节无功出力,能抑制波动冲击负荷引起的母线电压变化,改善系统无功潮流分布。

### 1. 静止无功补偿装置(SVC)定义

SVC 即并联连接的静止无功发生器或吸收器,其输出可调节,与系统交换感性或容性电流以维持或控制电力系统的特定参数(典型为母线电压)。SVC 不依靠断路器或其他有触点的开关而利用先进的晶闸管技术平滑控制动态无功功率。

### 2. 静止无功补偿装置(SVC)技术的发展及应用

SVC 技术经过 30 多年的发展目前已相当成熟,大容量无功动态补偿设备几乎全部采用 SVC 装置,世界各国普遍采用 SVC 装置作为电网的动态无功支撑点,全世界已有约 400 套总容量超过 60 Gvar 的 SVC 在输配电系统中运行。SVC 作为先进实用技术,在全世界得到了广泛应用。根据构造方式的不同,SVC 装置又分为常规固定式和可移动式。可移动式 SVC 除了在英国由 AREVA(ALSTOM)公司于 1999 年推出十多套产品外,其他国家还未曾出现过。英国国家电网公司为维护系统的灵活性,选择可移动式 SVC 以满足电网动态无功补偿在任何需要它的地方出现,能在每三个月内从一个变电站转运到另一个变电站调试后再运行。

TCR 型 SVC 技术在我国电网的应用刚刚起步,随着国内控制器技术及控制策略发展的更新,已能够满足电力行业的要求,输电系统 TCR 型 SVC 装置的应用与电网的联网技术问题也得到相应的解决,具备与电网系统技术的稳定结合应用能力。但可移动式 SVC 在国内尚无应用的例子,特别是 TSC 型 SVC 技术在我国尚未得到开发与应用。随着大功率电力电子器件制造技术的发展,SVC 从早期的 SSR 过渡到 TCRITSC 方式,并成为 SVC 的主流实用技术。国外 TCRITSC 型的 SVC 装置从 20 世纪 70 年代投入商业运行以来,其装置集成技术、控制原理、设备制造技术已趋于成熟,是目前仍广泛使用的动态无功补偿设备。

我国 SVC 在配电工业用户中使用广泛,国内自行生产的第一套 SVC 是由西电集团于 20 世纪 80 年代引进原 BBC 公司的技术。20 世纪 90 年代中期,中国电力科学研究院自主研发的第一代 SVC 装置投入运行。20 世纪 90 年代后期,鞍山容信生产的 SVC 投入商业运行,其技术全部引进自苏联。与此同时,中国电力科学研究院自主研发的基于全新技术平台的 SVC 装置研制成功。

### 3. SVC 的作用

SVC 的主要用途是对电力系统中的电压进行控制,控制目的可以是电压本身,也可以是系统的稳定性等。SVC 已广泛应用于现代电网的负荷补偿和输电线路补偿中。在大电网中,SVC 被用于电压控制或提高系统的阻尼和稳定性等,对系统电压提供支持,防止电压崩溃,抑制功率振荡。

**4. SVC 的工作原理**

从装置构成来看，TCR 型的 SVC 装置主要由滤波/电容支路和 TCR 支路组成，通过动态调节无功功率，抑制波动冲击负荷运行时引起的母线电压变化，有利于暂态电压恢复，提高系统电压稳定水平。

从 TCR 型 SVC 的接线结构可知，其无功调节是通过电力电子器件(晶闸管)控制常规电感/电容元件来实现的，TCR 控制系统通过改变晶闸管的触发时刻来控制主回路的电流大小。

**5. SVC 的应用范围**

SVC 除了在冶金企业广泛被采用外，在 220～750 kV 重要枢纽变电站和风电场也得到重点应用。

(1) 输电系统动态无功补偿。对联络线附近站点或通道中重要的枢纽站点、振荡中心位置站点增加 SVC 等静止型动态无功补偿设备，一方面可以抑制电压波动、改善电能质量；另一方面对系统的阻尼特性也有一定程度的改善。

(2) 受端大负荷中心动态无功补偿。受端大负荷中心装设 SVC 可以提高受端电网的动态无功备用水平，提高受电能力，并增强抵御大事故的能力。在一个输电线路中间点装设 SVC 可以加大线路的输送极限能力，理论上可以提高线路输送容量达 2 倍。SVC 作为负载侧动态补偿不仅可以稳定受端电压，而且可以增加原有输电线路的输送能力达 50%。

(3) 用户侧动态无功补偿。用户侧动态无功补偿广泛用于 380 V～10 kV 中低压配电网，主要用于减少 380 V 系统中的无功电流分量、降低线损、提高电能质量，对于冲击负荷(无功负荷大、有谐波分量)，如铁路牵引变电站、电弧炉、油田、轧钢厂、铝厂整流负荷等尤其适用。

**6. SVC 的形式**

SVC 的形式有晶闸管投切电容器(TSC)、晶闸管控制电抗器和固定电容器组(TCR＋FC)、晶闸管控制电抗器和晶闸管投切电容器(TCR＋TSC)、晶闸管控制电抗器和机械投切电容器(TCR＋MSC)、晶闸管投切电抗器(TSR)等。

国际大电网会议对于 SVC 与静止无功系统这两个概念作了区分。静止无功系统的定义为带有机械投切控制并联电容器组或电抗器的静止无功补偿装置。该补偿装置可能包括晶闸管控制电抗器(TCR)、晶闸管投切电容器(TSC)和谐波滤波器等，静止无功系统中还可能有固定电容器(FC)和晶闸管投切电抗器(TSR)。

1) 晶闸管控制电抗器(TCR)

晶闸管控制电抗器(TCR)：一个由晶闸管控制的并联电抗器连接支路，通过控制晶闸管的导通时间，它的有效电抗可以连续变化。

TCR 的基本原理如图 5－3－14(a)所示，其单相基本结构就是两个反向并联的晶闸管与一个电抗器串联，这样的电路并联到电网上，就相当于电感负载的交流调压电路结构。

电感电流的基波分量为无功电流，晶闸管的触发角 $\alpha$ 的有效移相范围为 90°～180°。当 $\alpha=90°$ 时，晶闸管完全导通，即导通角 $\theta=180°$，与晶闸管串联的电感相当于直接接到电网上，这使其吸收的基波电流和无功电流最大。当触发角 $\alpha$ 在 90°～180° 之间变化时，晶闸管导通角 $\theta<180°$，触发角越大，晶闸管的导通角就越小。增大触发角就是减小电感电流的

基波分量，相当于增大补偿器的等效电感，减少其吸收的无功功率，因此，整个 TCR 就像一个连续可调的电感，可以快速、平滑调节其吸收的感性无功功率。

在电力系统中，可能需要感性无功功率，也可能需要容性无功功率。为了满足电力系统需要，在实际应用时，可以在 TCR 的两端并联固定电容器组，如图 5 - 3 - 14(b)所示，这样使可以使整个装置的补偿范围扩大，既可以吸收感性无功功率，也可以吸收容性无功功率。另外，补偿装置的电容器组 $C$ 必须串接调谐电抗器 $L_F$，与 $L_F$ 组成滤波器，以吸收 TCR 工作时产生的谐波。为了避免三次谐波进入电网，三相 TCR 一般接成三角形，图 5 - 3 - 14(c)所示是三相 TCR 的基本结构。

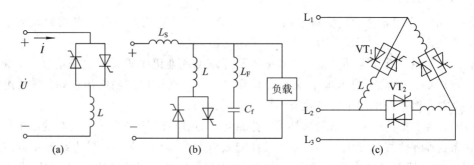

图 5 - 3 - 14    TCR 的基本原理图

TCR 的主要优点是控制灵活、易于扩容，对于不同的控制策略可以很容易地实现。由于 TCR 型 SVC 本质上是模块化的，因此通过增加更多的 TCR 模块就能达到扩容的目的。

TCR 不具备大的过负荷能力，因为其电抗器是空心设计的。TCR 的响应速度迅速，典型响应时间为 1.5～3 个周期，实际的响应时间是测量延迟、TCR 控制器的参数和系统强度的函数。

2）晶闸管投切电抗器（TSR）

晶闸管投切电抗器（TSR）是由晶闸管投切的并联电抗器，通过晶闸管阀的开通或关断使其等效感抗呈级差式变化。

TSR 是 TCR 的一个特例，它没有使用变触发角控制，而只是工作在两种状态（全导通或者全关断）。在晶闸管触发角为 90°，即全导通的情况下，TCR 中就会流过最大的感性电流，就像晶闸管被短接一样。但是，如果没有触发脉冲加到晶闸管上，TSR 会保持在关断状态，电流无法流通。TSR 能保证为系统提供非常快速的额定感性无功功率。当需要一个大容量的可控无功功率 $Q$ 时，$Q$ 的一部分通常由容量较小的 TSR 来承担，剩余的部分则由 TCR 提供。这一组合与采用单个容量为 $Q$ 的 TCR 相比大大减小了损耗和谐波含量。

3）晶闸管投切电容器（TSC）

晶闸管投切电容器（TSC）是一种由晶闸管投切的并联电容器，通过控制晶闸管阀的全导通或关断可以使其有效容抗值实现阶梯式变化。晶闸管投切电容器是无功静止补偿装置中的主要形式。

TSC 由两个反向并联的晶闸管构成的静态开关与电容器串联组成，其单相结构及其控制系统原理图如图 5 - 3 - 15 所示。工作时，TSC 与电网并联，当控制电路检测到电网需要无功补偿时，触发晶闸管开关并使之导通，这样，便将电容器接入电网，进行无功补偿；当电网不需要无功补偿时，关断晶闸管静态开关，从而切断电容器与电网的连接。因此，TSC 实际上就是断续可调的吸收容性无功功率的动态无功补偿装置。

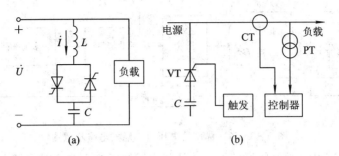

图 5-3-15　TSC 单相机构及其控制系统原理图

（1）TSC 主电路。

在实际工程中，一般将电容器分成几组，每组均可由晶闸管投切，如图 5-3-16 所示。电容器分组通常采用二进制方案，即采用 $(n-1)$ 个电容值为 $C$ 的电容器和一个电容值为 $C/2$ 的电容器，这样的分组可以使组合成的电容值有 $2n$ 级。当 TSC 用于三相电路时，既可以是三角形连接，也可以是星形连接，每一相均设计成如图 5-3-16 所示的那样分组投切。

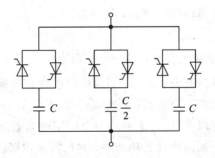

图 5-3-16　TSC 主电路

（2）零电压投入问题。

在电容器重投时，需要考虑电容器的剩余电压，当系统电压和电容器残压相等时（允许有一个小范围差值），就是晶闸管无触点开关投入的触发点，否则由于电容器两端电压不能突变，系统电压和电容器残压的差值较大时触发 SCR 会产生很大的电流冲击，这一冲击会直接损坏晶闸管。电流冲击主要体现在开关投入时的电流突变率和冲击电流最大值上，冲击电流最大值可能达到正常工作电流的几十倍，晶闸管难以承受这样大的过电流，尽管增大串联电抗器可以降低电流冲击，但更重要的是要在控制上设法解决问题。

为了使补偿电容器的投入与切除过程中不引发主电路的涌流冲击，必须选择准备投入的电容器上的电压为电网线电压的正或负峰值且电压极性相同的时刻，切除时只要撤销触发信号即可，开关在电流过零之后会自行关断。

实际工程中常采用晶闸管电压过零触发，通过检测晶闸管两端（阳极和阴极）的电压来确定系统电压与电容器残压电是否相等。晶闸管电压过零触发电路示意图如图 5-3-17 所示。

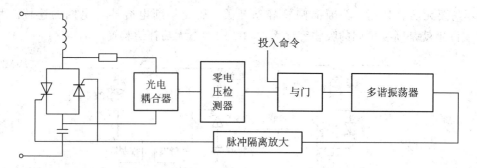

图 5 - 3 - 17　晶闸管电压过零触发电路示意图

在图 5 - 3 - 17 中，晶闸管开关两端电压经电阻降压送到光电耦合器，当交流电压瞬时值与电容器的残压相等时晶闸管上电压为零，这时光电耦合器上输出一个负脉冲，此脉冲宽度大约为 150 $\mu$s，脉冲反相与 TSC 投入指令相与后启动多谐振荡器输出脉冲串，然后经过功率放大和隔离电路去触发相应的晶闸管，晶闸管一经触发就保持导通，相应的电容器便投入运行。

电容器通过开关投切时，受电容器与外部系统的谐振频率影响，会出现或大或小的电磁暂态过程。而通过晶闸管触发控制可使电磁暂态过程最小，这可通过选择投切时间来达到，即当通过晶闸管的电压为最小，最好为零值时进行切换。用晶闸管投切电容器比用开关投切电容器的最大优点是可以频繁投切，快速反应，反应时间小于 0.02 s，操作时没有涌流和过电压，不产生谐波。

4）固定电容器组＋晶闸管控制电抗器（FC＋TCR）

固定电容器组＋晶闸管控制电抗器（FC＋TCR）组合在实际工程中有大量的应用。由于 TCR 只能在滞后功率因数的范围内提供连续可控的无功功率，为了将动态可控范围扩展到超前功率因数的区域可以在 TCR 上并联一个固定电容器组。TCR 的额定容量应大于固定电容器组的额定容量以抵消容性无功功率，并在需要按滞后功率因数运行时提供净感性无功功率。固定电容器组通常接成星形，并被分成多组，每个电容器组包含一个与之串联的小电抗器。

FC＋TCR 型 SVC 的一个缺点是为了消除容性无功功率需要一个大电流在 FC＋TCR 回路中循环，这就导致了很大的稳态损耗，即使 SVC 并不与电力系统交换任何无功功率。但是这些损耗可以被最小化，只要通过机械开关来投切固定电容器组，使电容器组只在需要超前无功功率时投入到补偿器中，这样就可使用较小容量的 TCR，从而减小稳态运行损耗。

5）机械式投切电容器＋晶闸管控制电抗器（MSC＋TCR）

对于那些不需要电容器频繁投切的场合，采用 MSC ＋ TCR 比采用 TSC ＋TCR 成本要低得多，且技术性能仍可接受 MSC ＋TCR。

机械开关投切的电容器可以安装在高压母线上，但是这种情况下在变压器的二次侧必须加装与 TCR 并联的固定谐波滤波器，以减小变压器的谐波负荷。MSC ＋TCR 的一个优点是省去了电容器支路上的晶闸管开关因而使投资成本减少，另一个优点是减小了损耗从而使运行成本降低。MSC ＋ TCR 的缺点是响应速度变慢，另外因残留电荷的存在，会加剧投切暂态，MSC 只有在电容器放电结束后才能再次投入使用。解决残留电荷问题的一种方法是在每相电容器组上并联一个小的磁性变压器，例如并联一个电压互感器，残留电荷可以在 0.155 s 内放电完毕。

与同容量的 TSC＋TCR 型的 SVC 相比，在 MSC＋TCR 型的 SVC 中，TCR 的电感较小，较低的 TCR 电感会导致较高的谐波水平，因而对滤波器的要求比 TSC＋TCR 型 SVC 型高。MSC＋TCR 不适合在扰动频繁的系统中作电压控制使用，但在阻尼 2 个区域间的功率振荡以及减轻系统故障时的严重电压降低等应用中，MSC＋TCR 与 TSC＋TCR 性能相当，但其投资成本比 TSC＋TCR 低得多。

6）晶闸管投切电容器＋晶闸管控制电抗器（TSC＋TCR）

一个 TSC＋TCR 系统可以被看做固定电容器组＋TCR 的系统，只是这种情况下电容器可以取多个不同的值。

**7. 静止无功发生器(SVG)**

图 5-3-18 所示为采用自换相电压型桥式的 SVG 基本电路结构，其工作原理同前面介绍的 PWM 整流电路相似，适当调节桥式电路交流侧输出电压的相位和幅值，就可以使该电路吸收或者发出满足要求的无功电流，实现动态无功补偿的目的。仅考虑基波频率时，SVG 可以看成与电网频率相同且幅值和相位均可以控制的交流电压源，它通过交流电抗器连接到电网上。因此，SVG 工作原理就可以用图 5-3-19(a)所示的单相等效电路来说明。图中 $\dot{U}_S$ 表示电网电压，$\dot{U}_o$ 表示 SVG 输出的交流电压，$\dot{U}_L$ 为连接电抗器的电压。如果不考虑连接电抗器及变流器的损耗，则不必考虑 SVG 从电网吸收有功能量。在这种情况下，通过同步电路控制，使 $\dot{U}_o$ 与 $\dot{U}_S$ 同频同相，然后改变 $\dot{U}_o$ 的幅值大小即可以控制 SVG 从电网吸收的电流 $\dot{I}$ 是超前还是滞后 90°，并且还能控制该电流的大小。如图 5-3-19(b)所示，当 $\dot{U}_o$ 大于 $\dot{U}_S$ 时，电流超前电压 90°，SVG 吸收容性无功功率；当 $\dot{U}_o$ 小于 $\dot{U}_S$ 时，电流滞后电压 90°，SVG 吸收感性无功功率。

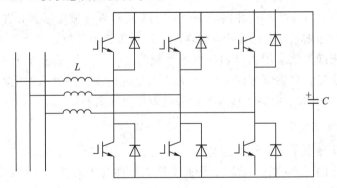

图 5-3-18　SVG 基本电路结构

在实际工作时，连接电感和变流器均有损耗，这些损耗由电网提供的有功功率来补充，也就是说，相对于电网电压来讲，电流 $\dot{I}$ 中有一定的有功分量。在这种情况下，$\dot{U}_o$、$\dot{U}_S$ 与电流 $\dot{I}$ 的相位差不再是 90°，而是比 90°略小。

应该说明的是，SVG 接入电网的连接电感，除了连接电网和变流器这两个电压源外，还起滤除电流中与开关频率有关的高次谐波的作用。因此，所需要的电感值并不大，远小于补偿容量相同的其他 SVC 装置所需的电感量。如果使用变压器将 SVG 并入电网，则还可以利用变压器的漏感，所需的连接电感可进一步减小。

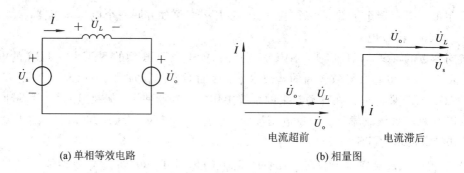

(a) 单相等效电路　　　　　　　　　(b) 相量图

图 5-3-19　SVG 等效电路及其工作原理

## 5.3.5　电力电子技术在光伏发电中的应用

随着传统燃料能源的减少以及环境问题的日益突出，全世界都把目光投向了可再生能源，希望可再生能源能够改变人类的能源结构，维持长远的可持续发展。在这之中，太阳能以其独有的优势而成为人们重视的焦点。丰富的太阳辐射能是重要的能源，是取之不尽、用之不竭的、无污染且廉价的资源。随着太阳能光伏发电应用的发展，太阳能光伏发电已经不再只是作为偏远无电地区的能源供应，而是向逐渐取代常规能源的方向发展。

### 1. 光伏发电的现状

目前，光伏发电系统有两种分类：一种是孤立光伏发电系统，它是不与常规电力系统相连而孤立运行的发电系统；另一种是并网光伏发电系统，它是与电力系统连接在一起的光伏发电系统。

国外并网逆变器技术发展十分迅速。目前的研究主要集中在 SPWM 技术、数字锁相控制技术、数字 DSP 控制技术、最大功率点跟踪和孤岛检出技术，以及综合考虑以上方面的系统总体设计等。国外的有些并网逆变器设计还同时具有独立运行和并网运行功能。其光伏市场占有率快速增长。最近几年，全球的光伏总装机容量更是以指数的形式攀升。

目前国内太阳能光伏应用仍以独立供电系统为主，但并网系统近年来也是异军突起。我国的太阳能光伏发电与欧洲等国家以"分散开发、低电压就地接入"的发展方式不同，呈现出"以大规模集中开发、中高压接入"与"分散发低电压就地接入"并举的发展特征。

### 2. 光伏发电基本原理

光伏发电主要是以半导体材料为基础，利用光照产生电子-空穴对，在 PN 结上可以产生光电流和光电压的现象（光伏效应），从而实现太阳能光电转换的目的。太阳能电池的基本工作原理是光电效应。

光伏发电的主要材料是半导体硅。在半导体上照射光后，由于其吸收光能会激发出电子和空穴（正电荷），从而使半导体中有电流流过，这就是所谓的"光发电效应"或简称"光伏效应"。掺有磷杂质的硅含有多余电子，称为 N 型半导体；掺有硼杂质的硅含有多余正电荷，称为 P 型半导体。若将两者结合，称为 PN 结，这就是半导体器件的最基本结构。在PN 结中，P 型半导体的电子受到拉力，N 型半导体的正电荷受到拉力，在结合处形成正负抵消的区域，形成阻挡层。此时，若有光照射，则激发电子自由运动流向 N 型半导体；正电荷则集结于 P 型半导体，从而产生了电位势。

### 3. 太阳能光伏系统的组成和应用

太阳能光伏电池所发出的电能是随太阳光辐照度、环境温度、负载等变化而变化的不稳定直流电，是难以满足用电负载对电源品质要求的"粗电"，为此需要应用电力电子变流技术对其进行直流-直流(DC-DC)或直流-交流(DC-AC)变换，以获得稳定的高品质直流电或交流电供给负载或电网。

独立供电的太阳能光伏系统的结构框图一般如图5-3-20(a)所示。整个光伏系统由太阳能电池、蓄电池、负载和控制器组成。系统各部分容量的选取配合，需要综合考虑成本、效率和可靠性。在与负载容量配合时，应该考虑到连续阴天的情况，对系统容量留出一定裕度。

与独立供电的光伏系统相比，并网系统一般都没有储能环节，直接由并网逆变器接太阳能电池和电网，如图5-3-20(b)所示。并网逆变器的基本功能是相同的，那就是，在太阳能电池输出较大范围内变化时，能始终以尽可能高的效率将太阳能电池输出的低压直流电转化成与电网匹配的交流电流送入电网。

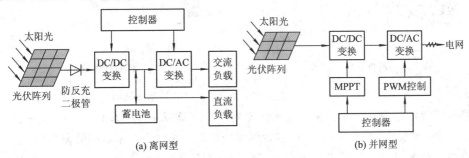

图5-3-20　典型光伏发电系统基本结构

### 4. 光伏直流变换电路

光伏电池是一种输出特性迥异于常规电源的直流电源，对电压接受型负载(如蓄电池)、电流接受型负载(如永磁直流电动机)、纯阻性负载3种不同类型的负载，其匹配特性也迥然相异。

光伏直流变换电路主要有脉冲宽度调制(PWM)和脉冲频率调制(PFM)两种方法，其中，PWM为常用控制方法。光伏直流变换器主电路分直接变换(直流斩波器，无变压器隔离)和间接变换(开关电源型DC/DC变换器，有变压器隔离)两大类。

Buck(降压)、Boost(升压)主电路是最基本的变换器拓扑，由此可派生出多种组合结构，如图5-3-21所示。

Buck电路中，V、VD、$L$、$C$组成降压斩波器，调节V的开通占空比可调节负载电压，以调节光伏阵列工作点。设置$C$是为了保证光伏阵列输出电流连续，以免发电功率损失。该电路结构简单、效率高、易控制。

Boost变换器电路中，$L$、V、VD、$C$组成升压斩波器。当V开通时，$L$储能；V关断时，$L$所储磁能转化成的感应电压与光伏阵列输出电压串联相加向负载供电，V的开通占空比增大时输出电压增大。适当调节占空比，可调整光伏阵列输出电压，使其处于最大功率点电压，且该电路可将光伏阵列输出电压升高。该电路结构简单、效率高、易控制，但不能进行降压变换。

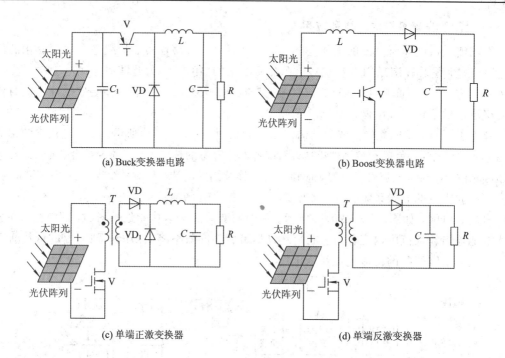

(a) Buck变换器电路  (b) Boost变换器电路

(c) 单端正激变换器  (d) 单端反激变换器

图 5-3-21  光伏直流变换电路变换器拓扑结构

单端正激电路中，在 V 开通时，光伏阵列经变压器 T 向 C、R 馈电，调节占空比或 T 的变比，可调节输出电压，多用于小容量的降压电路。该电路需采取磁芯复位措施。

单端反激电路中，在 V 关断时，光伏阵列经变压器 T 向 C、R 馈电。该电路具有元件少、易实现多路输出的优点，但变压器的励磁电流仍为单向。

**5. 离网型光伏逆变电路**

离网型光伏发电系统中的逆变器多采用电压源型逆变器。随着全控型电力电子器件和脉宽调制技术的进步，采用桥式主电路、以标准正弦波作为 PWM 调制波的正弦脉宽调制(SPWM)技术是目前应用最广泛的电压源逆变器控制技术，为了使逆变器输出电压滤波后尽量正弦化，出现了选择性消谐波等优化的 PWM 技术。

**6. 光伏发电中电力电子技术的发展**

1) 光伏发电中的多电平逆变器

传统的逆变器亦称为二电平逆变器，其在一个开关周期内逆变桥臂的相电压输出电平仅为二电平。多电平技术源于日本学者1981年提出的中点钳位型多电平逆变电路。目前，多电平逆变电路主要有二极管箝位型、电容钳位型和独立直流源级联型 3 种拓扑类型。光伏阵列可灵活组合，故光伏并网系统易实现 3 电平和级联方式并网以改善并网电流波形。为了解决阴影问题和光伏模块之间不匹配问题，一些学者提出采用二极管箝位型多电平逆变器、级联 H 桥型变换器实现独立控制每一个光伏模块，使其各自工作在最大功率点，从而提高系统效率，减少输出电压谐波。

2) Z 源光伏并网逆变器

Z 源逆变器的直流侧储能电路是由电感、电容组成的对称交叉型阻抗源网络(如图 5-3-22所示)，其结合了传统电压源型、电流源型逆变器直流侧缓冲和储能电路的特点，从而满足了逆变电路桥臂可开路和短路的条件，克服了传统逆变器的局限。

因 Z 源逆变器可靠性高、效率高、结构简单，且具有升降压变换功能，故在光伏发电系统中应用前景广阔。

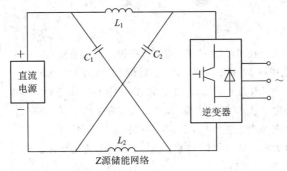

图 5-3-22　Z 源逆变器结构示意图

# 习　题

## 一、填空题

1. 现代电力电子装置的发展趋势是（　　　）、（　　　），同时对装置的（　　　）和（　　　）也提出了更高的要求。

2. 使开关开通前其两端电压为零的开通方式称为（　　　），它需要靠电路中的（　　　）来完成。

3. 根据软开关技术发展的历程可以将软开关电路分成（　　　）、（　　　）和（　　　）。

4. UPS 有 3 种类型，分别是：（　　　）、（　　　）、（　　　）。

5. 在市电超限的情况下，UPS 会转（　　　）。

6. 太阳能光伏发电系统应用的基本形式可分为两类，其分别为（　　　）离网（　　　）光伏发电系统、（　　　）并网（　　　）光伏发电系统。

7. 有源功率因素矫正包括（　　　）控制方式和（　　　）控制方式。

## 二、简答题

1. 软开关技术可以分为哪几类，其典型的拓扑分别是什么样子？各有什么特点？

2. 试比较零开关 PWM 电路与零转换 PWM 电路的区别。

3. 开关电源与线性稳压电源相比有什么优缺点？

4. UPS 有什么作用，它由几部分组成，各部分的功能是什么？

5. 简述在线式 UPS 与后备式 UPS 的区别？

6. 什么是 TCR，什么是 TSC，什么是 SVG，他们各有什么区别？

7. 什么是光伏发电？它有什么样的应用？

## 三、设计题

在列车上，拟采用三相变频式空调，已知变频器采用 AC-DC-AC 电路形式，且 AC-DC 变换采用三相二极管桥式整流器。但是，列车上只有直流 220 V 电源，试设计一个电源转换系统来满足空调的供电要求。

# 参 考 文 献

[1] 王兆安，黄俊. 电力电子技术[M]. 4 版. 北京：机械工业出版社，2000.

[2] 莫正康. 电力电子应用技术[M]. 3 版. 北京：机械工业出版社，2000.

[3] 石新春，杨京燕，王毅. 电力电子技术[M]. 北京：中国电力出版社，2006.

[4] 刘峰，孙艳萍. 电力电子技术[M]. 2 版. 大连：大连理工出版社，2009.

[5] 叶斌. 电力电子应用技术及装置[M]. 北京：中国铁道出版社，1999.

[6] 浣喜明，姚为正. 电力电子技术[M]. 3 版. 北京：高等教育出版社，2010.

[7] 王廷才. 变频器原理及应用[M]. 2 版. 北京：机械工业出版社，2009.

[8] 刘峰，孙艳萍. 电力电子技术[M]. 大连：大连理工出版社，2006.

[9] 陈坚. 电力电子学[M]. 北京：高等教育出版社，2006.

[10] 高文华. 电力电子技术[M]. 北京：机械工业出版社，2012.

[11] 周元一. 电力电子应用技术[M]. 北京：机械工业出版社，2013.

[12] 龙志文. 电力电子技术[M]. 北京：机械工业出版社，2013.

[13] 周玲. 电力电子技术[M]. 北京：冶金工业出版社，2008.

[14] 韩晓冬，李梅，张洁. 电力电子技术[M]. 北京：北京理工大学出版社，2012.

[15] 黄家善. 电力电子技术[M]. 北京：机械工业出版社，2003.

[16] 张涛. 电力电子技术[M]. 4 版. 北京：电子工业出版社，2007.

[17] 陈渝光. 电气控制原理与系统[M]. 北京：机械工业出版社，2000.

[18] 金海明，郑安平. 电力电子技术[M]. 3 版. 北京：北京邮电大学出版社，2009.

[19] 黄操军，陈润思，王桂英. 变流技术基础及应用[M]. 北京：中国水利电力出版社，2002.

[20] 石玉，栗书贤，王文郁. 电力电子技术题例与电路设计指导[M]. 北京：机械工业出版社，2000.

[21] 龚素文. 电力电子技术[M]. 4 版. 北京：北京理工大学出版社，2011.

[22] 尹海，李思海，张光东. IGBT 驱动电路性能分析[J]. 电力电子技术，1998，(3).